编委会

麒麟西瓜栽培

主 编 ○ 余生明 副主编 ○ 张文艳 黄贵斌

黄河出版传媒集团
阳光出版社

图书在版编目（CIP）数据

麒麟西瓜栽培 / 余生明主编；张文艳，黄贵斌副主编. —— 银川：阳光出版社，2025.3. —— ISBN 978-7-5525-7635-1

Ⅰ. S651

中国国家版本馆CIP数据核字第2025JR8748号

QILIN XIGUA ZAIPEI

麒麟西瓜栽培

余生明 主编 张文艳 黄贵斌 副主编

责任编辑　金小燕　郑晨阳
封面设计　王　烨
责任印制　岳建宁

黄河出版传媒集团
阳光出版社 出版发行

出 版 人　薛文斌
地　　址　宁夏银川市北京东路139号出版大厦（750001）
网　　址　http://ssp.yrpubm.com
网上书店　http://shop129132959.taobao.com
电子信箱　yangguangchubanshe@163.com
邮购电话　0951-5047283
经　　销　全国新华书店
印刷装订　宁夏凤鸣彩印广告有限公司
印刷委托书号　（宁）0031284

开　　本　710 mm×1000 mm　1/16
印　　张　10
字　　数　190千字
版　　次　2025年3月第1版
印　　次　2025年3月第1次印刷
书　　号　ISBN 978-7-5525-7635-1
定　　价　68.00元

前言
Preface

　　《麒麟西瓜栽培》由同心县职业技术学校和宁夏一山科技有限公司组织长期从事设施农业产业技术研究和教学的专家和老师共同编写，适合作为应用型本科、职业院校、技师院校的参考教材，同时也可作为麒麟西瓜栽培从业人员和农业技术推广机构技术人员的参考用书。

　　宁夏地处黄土高原黄河中上游地区，气候属温带大陆性干旱、半干旱气候，降水稀少，日照充足，昼夜温差大。得天独厚的自然条件使得宁夏西瓜的品质优异，得到了国内消费者的广泛认可。近年来，宁夏通过调整产业结构，优化种植模式，大力发展特色农业，麒麟西瓜等果蔬产业规模不断扩大，产量和品质逐年提升，特色农业已成为宁夏经济发展中的重要产业，也是宁夏农产品走向全国的一张亮丽名片。

　　《麒麟西瓜栽培》采用模块化方式编写，以项目和任务逐级分解教学重难点，并辅之以练习思考题，以达到理论、实践、思考相结合的教学效果。本书共有六个模块。余生明、马应贵编写《麒麟西瓜概述》模块，张文艳、李思编写《麒麟西瓜整地施肥》模块，黄贵斌、马飞龙编写《麒麟西瓜大棚搭建及育苗技术》模块，杨瑞峰、贺小东编写《麒麟西瓜田间管理技术》模块，余晓红、杨小荣编写《麒麟西瓜病虫害防治》模块，骆龙山、杨小青编写《麒麟西瓜的生产管理》模块。

由于编者理论水平和技术能力的局限性，本书难免存在不足之处，敬请读者批评指正。

编者

2025 年 2 月

目录/Contents

模块一　麒麟西瓜概述

项目一　麒麟西瓜分布区域和品种

🍉 学习目标

知识目标

了解全国、本地区麒麟西瓜种植分布，熟悉本地区主推麒麟西瓜品种。

能力目标

掌握全国、本地区麒麟西瓜的种植分布，更好地把握市场需求，优化种质资源，提高本地区麒麟西瓜产业的竞争力。

价值目标

熟悉本地区主推的麒麟西瓜品种，更好地贯彻落实国家农业政策，促进农业向现代化转型。利用宁夏地理环境和资源禀赋，构建具有较强竞争力的现代化产业体系。

模块一 麒麟西瓜概述

任务一 麒麟西瓜分布区域

西瓜是一种葫芦科作物，我国作为西瓜的主要生产国，其产量占据了世界西瓜总产量的六成以上。西瓜是很多人都非常喜欢吃的水果，其汁水丰富，味道香甜，是夏季的解暑神器。世界各地几乎都有西瓜栽培，相比于其他作物，西瓜有较强的环境适应性。但其无法在气温低、有效积温不足及无霜期短的寒冷地区露天栽培。中国地域辽阔，人口众多，是生产和消费西瓜的大国。

一、品种特性

麒麟西瓜口感鲜美，其独特优势在于强大的抗病性及卓越品质，备受果农青睐，市场占比很高。在种植技术方面，农民通常挑选能排能灌、土层深厚、集中连片的沙壤土田块来进行大棚栽培。麒麟西瓜适应温带大陆性季风气候，产地宜四季更迭，年均温低于15℃，累积有效积温约4 200℃，夏季阳光充裕，年日照时数至少2 500 h，这些因素共同促进了麒麟西瓜甜度的积累与口感的提升。宁夏地区基于适宜的气候条件，成功引进了麒麟西瓜种植，宁夏栽培麒麟西瓜的地区主要集中在中卫市、吴忠市和固原市等。品种优良的麒麟西瓜比普通西瓜耐低温能力强10℃左右，并且能在80℃的大棚内正常生长，最重要的是麒麟西瓜果实品质佳、含糖量高、皮薄籽少。

麒麟西瓜作为西瓜界的璀璨新星，源自精心培育的科研硕果。其生长周期短，仅约60 d便能从播种至成熟，高效产出。麒麟西瓜以独特的深绿果面、红瓜瓤、超薄外皮及脆嫩多汁的口感著称，富含矿物质与维生素，不仅能促进消化、开胃解腻，还具备优异的利尿功效，是夏日消暑的理想选择。其外观绿纹清晰，单瓜重5~8 kg，甜度高达12.5%以上，商品性卓越，满足了市场对高品质西瓜的期待。

二、营养价值

（一）蛋白质、碳水化合物、脂肪含量丰富

麒麟西瓜富含碳水化合物、蛋白质及脂肪，营养全面，能强健体魄，助力抵御疾病，是健康优选水果。

（二）含有大量豆醇

麒麟西瓜富含豆醇，能清除人体内活性氧，抑制酪氨酸酶活性，有效阻止黑色素生成，是美白养颜的自然佳品。

（三）维生素

麒麟西瓜富含维生素，具有显著的解酒功效，是解酒的理想选择。

（四）氨基酸

麒麟西瓜富含氨基酸，果肉味道鲜美，营养价值较高，容易为人体所吸收。

三、分布区域

我国西瓜的产地覆盖面积巨大，而麒麟西瓜的产地主要在海南、浙江、云南、宁夏、甘肃、湖南、湖北、安徽、江苏、江西、广东、广西、陕西等省份。东南沿海为主产区，近几年来西北地区的种植面积在逐年增加。麒麟西瓜比较出名的产地是海南、浙江、云南和宁夏。

（一）江南地区

江苏、浙江、上海、安徽等地气温高，降雨充沛，土壤肥沃，是麒麟西瓜的适宜种植区。

（二）华南地区

广东、广西、福建、海南等地气温高，湿度大，日照充足，是麒麟西瓜的优良生长地。

（三）西南地区

云南、贵州、四川等地气温适宜，降雨充沛，土壤条件好，是种植麒麟西瓜较适宜的区域。

（四）西北地区

近些年来，宁夏、甘肃、陕西等西北地区因气候适宜、土壤条件好，成为麒麟西瓜的主要栽培地区。

总之，麒麟西瓜适合在气候温暖、日照充足、降雨充沛的地区种植。了解适合种植麒麟西瓜的地区，可以帮助种植户选择合适的种植区域，提高种植效益。

任务二　麒麟西瓜品种

一、麒麟西瓜的品种

（一）玉麒麟

玉麒麟西瓜源自温岭箬横镇，为浙江省温岭市农业四大瑰宝之一，风靡沪广深杭多地，是浙江知名的精品西瓜品牌，屡获专家赞誉。其品质卓越、产量可观、糖度出众、口感细腻，连续多年在省级农业展览中摘得金奖。种植基地荣获国家级示范基地，产品获金牌农产品及浙江省著名商标等殊荣，更被中国科学技术协会认定为"星火"计划先进基地及全国科普惠农示范点。这不仅推动了温岭西瓜产业的发展，还引领众多村民通过种植玉麒麟西瓜实现了致富梦想。该西瓜品种早熟，约28 d即可成熟，果形圆润光滑，浅绿皮上饰以墨绿条纹，薄皮内藏鲜红果肉，中心糖度高达12.5%，风味独特，深受市场喜爱。

（二）冰糖麒麟王

冰糖麒麟王西瓜是早熟品种，外观为花皮圆形，坐果后26 d成熟。耐低温，易坐果，果皮绿色，上覆深绿色条带，外形美观。果形饱满圆整，抗病强，耐重茬，耐枯萎病；果肉大红，脆甜爽口，中心糖度为14%左右；单瓜重8~15 kg，耐贮耐运，亩（1亩≈666.67 m²）产5 000 kg。本品种的显著优点是在高温、多雨地区种植不倒瓤、不上水，品质超群，能够使瓜农在恶劣天气下取得理想的经济效益。

冰糖麒麟王西瓜甘甜多汁，纤维丰富，营养美味，深受消费者喜爱。在栽培上，该品种不需要打杈、整枝或人工授粉，产量高而稳定，果皮薄而坚硬，耐运输。此外，冰糖麒麟王西瓜育种已有新突破，亩产可破万斤。

（三）黑麒麟

黑麒麟西瓜是中早熟新品，花后果实速熟，仅需30 d。植株苗壮，藤蔓可延展至2 m，雌花早现于五六节。抗病力强，坐果轻松，果形圆润至椭圆，绿皮墨纹交织，红瓤内嵌黄筋，口感松脆适中，耐储运，商品率高达82.41%，单瓜均重3.11 kg。

（四）小麒麟

小麒麟西瓜生长强劲，雌花早现于8~10节，坐果力强，自坐果至采收仅需30 d，全周期约106 d。其果形匀称，花皮浅绿，条纹鲜明，皮薄仅0.5 cm，单果轻盈，约1.5 kg。中心糖度高达11.5%，边缘亦保持9%的甜度，籽少肉脆，黄色果肉细腻多汁，风味绝佳。该品种极早熟，花开至成熟仅需 28 d，翠绿果皮饰以墨绿细纹，圆球形果实内藏鲜黄果肉，平均糖度超 12%，是抗病抗逆、口感上乘的西瓜佳品。

（五）美都

美都西瓜是宁夏麒麟西瓜优选品种，中熟杂交，开花至成熟需 30~33 d。果实圆润饱满，绿皮墨纹，低温下色泽更浓，桃红果肉，甘甜多汁，单果重 6~9 kg，亩产可达 3 000 kg，耐枯萎病。其中心糖度高达 12%，边缘亦保持 9.5% 的甜度。早春播种，大棚栽培密度适中，小棚略密。幼苗期需精心管理，促进生长，合理轮作防病害。低温时留果节位宜高，防空心厚皮，确保品质上乘。

二、宁夏地区引进及栽培的麒麟西瓜

（一）品种特性

如图 1-1，宁夏麒麟西瓜单果皮光滑，剖面纤维少，皮薄肉脆，汁多，爽口无渣，感官品质优；含糖量高，糖分分布均匀，总酸含量低，糖酸比高，口感更甜；粗纤维含量为 0.06%，果肉均匀，木栓化条状纹少；营养物质含量丰富，蛋白质含量为 0.79%，钙含量和钾含量较高；功能性成分含量高，营养品质高，硒含量在 0.009 mg/kg。生产上可通过平衡施肥、膨果期增施钾肥等措施提高西瓜含糖量及维生素 C 含量，在水分胁迫条件下，采取节水控灌等措施可增加西瓜营养物质含量，提高西瓜品质。

图 1-1　宁夏麒麟西瓜

（二）栽培现状

2018 年麒麟西瓜在宁夏试种，截至 2023 年底，全区种植面积近 13 300 hm²，种植区域覆盖 18 个县（市、区），其中规模超过 333.3 hm² 的县区有 12 个。种植品种以"美都"为主，每年 4 月中旬至 7 月上旬分 3~4 批种植，6 月下旬、7 月初至9月底分期上市，平均产量为60 t/hm^2，产品主要销往北京、上海、浙江、广东、福建等地。

宁夏麒麟西瓜大约有14个产区，其中北部灌区有兴庆区、贺兰县、永宁县、灵武市、平罗县、利通区、青铜峡市、中宁县，简称北部产区；中部干旱带有红寺堡区、海原县，简称中部产区；南部山区有原州区、隆德县、彭阳县、泾源县，简称南部产区。

（三）栽培模式

宁夏麒麟西瓜以大棚种植，平畦覆膜双行定植，密度为10 500~11 250株/hm^2，采用双蔓整枝、集成育苗、滴灌施肥、病虫害综合防控等高效技术，确保西瓜优质高产。

（四）品质分析

1. 可溶性固形物含量

宁夏麒麟西瓜中心部位、边缘部位可溶性固形物含量分别为12.1%、10.6%，中心部位可溶性固形物含量高于国家农业行业标准《绿色食品 西甜瓜》（NY/T 427—2016）中可溶性固形物应≥10.5%的指标，各产区间没有显著性差异。麒麟西瓜中心部位可溶性固形物含量较硒砂瓜低0.1%，较地膜瓜高0.4%，三类西瓜之间没有显著性差异；麒麟西瓜边缘部位可溶性固形物高于硒砂瓜1.8%，差异显著，较地膜瓜高1%。麒麟西瓜可溶性固形物含量高，中心部位与边缘部位含糖量梯度小。

2. 总糖及总酸含量

宁夏麒麟西瓜中心部位、边缘部位总糖含量分别为10.2%、8.19%，中心部位、边缘部位总酸含量分别为0.05%、0.04%，不同产区总糖、总酸含量没有显著性差异。西瓜总糖含量为6%~8%，宁夏麒麟西瓜平均总糖含量较西瓜平均总糖含量高1.2%~3.2%。麒麟西瓜中心部位总糖含量高于硒砂瓜0.1%，高于地膜瓜0.6%；麒麟西瓜边缘部位总糖含量高于硒砂瓜1.31%，差异显著，高于地膜瓜0.41%。麒麟西瓜中心部位总酸含量低于硒砂瓜，显著低于地膜瓜；麒麟西瓜边缘部位总酸含量显著低于硒砂瓜，也低于地膜瓜。麒麟西瓜总糖含量高，总酸含量低，糖酸比高，口感相较于硒砂瓜和地膜瓜甜度更高。宁夏麒麟西瓜果糖含量占总糖含量的33.8%，葡萄糖含量占总糖含量的15.4%，蔗糖含量占总糖含量的38.9%；各产区果糖、葡萄糖及蔗糖含量之间没有显著性差异。麒麟西瓜果糖含量显著低于硒砂瓜和地膜瓜，葡萄糖含量显著低于硒砂瓜和地膜瓜，蔗糖含量显著高于硒砂瓜和地膜瓜。麒麟西瓜果糖与蔗糖含量之和占总糖含量的72.7%，分别较硒砂瓜、地膜瓜高 5.7%、4.2%，麒麟西瓜口感更甜，且甜味持续时间更久；麒麟西瓜果糖含量占总糖含量的比例分别较硒砂瓜、地膜瓜低 4.3%、5.3%。从营养学角度来说，硒砂瓜、地膜瓜所含果糖量更高。

3. 粗纤维含量

西瓜粗纤维含量高，表现为果实剖面白色或木栓化条状纹，瓜瓤较硬，瓜皮较厚。宁夏麒麟西瓜粗纤维含量为 0.06%，各产区之间没有显著性差异，西瓜不溶性膳食纤维（粗纤维）代表值为 0.2%，麒麟西瓜粗纤维含量较代表值低 0.14%。麒麟西瓜粗纤维含量较硒砂瓜高 0.01%，显著低于地膜瓜。麒麟西瓜果肉均匀一致，口感脆，爽口性好。

4. 营养物质

（1）维生素 C 含量。西瓜维生素 C 含量丰富，宁夏麒麟西瓜维生素 C 含量为 5.29 mg/100 g，中部产区显著低于北部产区和南部产区。根据《中国食物成分表标准版　第 1 册》（第 6 版），西瓜维生素 C 含量代表值为 5.7 mg/100 g，麒麟西瓜较代表值低 0.41 mg/100 g。麒麟西瓜维生素 C 含量较硒砂瓜高 0.90 mg/100 g，较地膜瓜低 0.27 mg/100 g，3 类西瓜之间没有显著性差异。

（2）蛋白质含量。宁夏麒麟西瓜蛋白质含量为 0.79%，北部产区较南部产区高 0.13%，差异显著。根据《中国食物成分表标准版　第 1 册》（第 6 版），西瓜蛋白质代表值为 0.50 %，麒麟西瓜较代表值高 0.29%。麒麟西瓜蛋白质含量较硒砂瓜和地膜瓜低，3 类西瓜之间没有显著性差异。

（3）矿物质元素含量。宁夏麒麟西瓜钙含量为 79 mg/kg，各产区之间没有显著性差异，麒麟西瓜较代表值高 9 mg/kg。麒麟西瓜钙含量较硒砂瓜高 3.5 mg/kg，较地膜瓜低 3.5 mg/kg，3 类西瓜之间没有显著性差异。根据《中国食物成分表标准版　第 1 册》（第 6 版），西瓜钾含量代表值为 97 mg/100 g，麒麟西瓜较代表值高，3 类西瓜之间没有显著性差异。麒麟西瓜锌含量为 0.69 mg/kg，各产区之间没有显著性差异。宁夏麒麟西瓜硒含量为 0.009 mg/kg，各产区之间没有显著性差异。麒麟西瓜硒含量与代表值相当，宁夏麒麟西瓜达到富硒标准的样品有 11 个，其中北部产区 9 个、中部产区 1 个、南部产区 1 个。

（4）氨基酸含量。宁夏麒麟西瓜天冬氨酸含量为 26.04 mg/100 g，谷氨酸含量为 1.33 mg/100 g，各产区之间没有显著性差异，3 类西瓜之间没有显著性差异。

（5）番茄红素含量。麒麟西瓜番茄红素含量较硒砂瓜和地膜瓜低，3 类西瓜之间没有显著性差异。从外观看，麒麟西瓜果肉呈深桃红色，颜色红润均匀，比硒砂瓜和地膜瓜果肉颜色更红，感官品质好。

【课程资源】

麒麟西瓜的品种

项目二　麒麟西瓜的生物学特性和生长条件

学习目标

知识目标

了解麒麟西瓜的生长发育规律、环境条件要求及本地区环境条件，能合理选择适宜栽植的麒麟西瓜品种。

能力目标

能够根据麒麟西瓜的环境条件要求，进行土壤改良、水分管理和养分供应，提高其产量和品质。

价值目标

通过掌握麒麟西瓜的环境条件要求，提高学生对农业产业的认识，引导其树立绿色、高效的农业发展观念，培养一批具有专业素养的农业技术人才。

任务一　麒麟西瓜生物学特性

麒麟西瓜主要由根、茎、叶、花、果实和种子等组成，根部是其生长的基础，具有吸收水分和养分、支撑植株等重要功能。茎是其植株的重要组成部分，承载着输送养分、水分以及支撑植株的功能。叶片是其进行光合作用、制造养分的重要器官，具有独特的形态特征和生理功能。果实是麒麟西瓜植株经过生长、开花、授粉后所形成的最终产品。种子是种植麒麟西瓜的起点，其品质对后续植株的生长、果实的产量与品质均具有重要影响。

一、根

（一）根部结构

麒麟西瓜的根部主要由主根、侧根和须根组成。主根是种子萌发时首先生长出的根，向下延伸起到固定植株和吸收深层土壤养分的作用。侧根是从主根上生长出的分支根，它们会向四周扩展，增大根系的吸收面积。须根则是从侧根或主根上生长出的细小根，它们通常密布在土壤表层，负责吸收水分和浅层的养分。

（二）根部功能

吸收功能：麒麟西瓜的根部能够吸收土壤中的水分和无机盐等养分，为植株的生长提供必要的营养物质。

支撑功能：根部通过其强大的根系网络，将麒麟西瓜植株牢固地固定在土壤中，防止其因风吹雨打而倒伏。

贮藏功能：在部分情况下，麒麟西瓜的根部能贮藏一些养分，供植株在需要时利用。

（三）根部生长条件

土壤条件：麒麟西瓜偏爱富含有机物质和养分的土壤，同时要求土壤排水良好、土层深厚、地势较高。这样的土壤条件有利于根部的生长和养分的吸收。

水分条件：在生长初期，保持土壤湿润有助于种子发芽和幼苗生长；当植株处于生长后期，特别是在果实膨大时，要确保有足够的水分供应，但要避免过度浇水，以免病害的产生。

温度条件：根部生长需要适宜的温度范围，在温暖的环境中，根部的生长速度会加快，有利于养分的吸收和植株的生长。

综上所述，麒麟西瓜的根部是其生长的重要部分，具有吸收、支撑和贮藏等功能。为了保持根部的健康生长，需要提供良好的土壤、水分和温度条件。

二、茎

（一）茎的形态与结构

麒麟西瓜的茎通常呈蔓生状，具有较强的生长力。其茎部粗壮，表面覆盖有细小的毛刺，这些毛刺有助于保护茎部免受部分害虫的侵袭。茎的内部结构包括表皮、韧皮部、形成层、木质部和髓等，这些部分共同协作，使得茎部具有强大的输导和支持功能。

（二）茎的功能

输导功能：茎部作为输导组织，负责将叶片光合作用产生的养分和根部吸收的水分、无机盐等输送到植株的各个部分，以满足麒麟西瓜生长和发育的需要。

支撑功能：茎部具有强大的支撑力，能够支撑起整个植株的重量，使植株保持直立或蔓生状态，有利于叶片接收更多的阳光进行光合作用。

（三）茎的生长与管理

植株调整：在麒麟西瓜的生长过程中，为了改善通风透光条件，减少病虫害的发生，提高果实的品质和产量，通常需要对茎部进行修剪和整枝，修剪掉多余的侧枝和病弱枝，使养分更加集中地供给主蔓和果实。

合理密植：在种植麒麟西瓜时，需要合理控制植株的密度，以避免茎部过于拥挤，影响通风透光；合理的密植可以使茎部得到充分的生长空间，有利于植株的健康生长和果实的发育。

综上所述，麒麟西瓜的茎部在植株生长和发育中起着至关重要的作用。通过合理修剪整枝、合理密植以及田间管理等措施，可以确保茎部的健康生长，为麒麟西瓜的高产优质打下坚实的基础。

三、叶

（一）叶片的形态特征

叶片大小：麒麟西瓜的叶片通常较大，宽度在 20 cm 左右，这样的叶片有利于充分接收阳光照射，提高光合作用的效率。

叶片形状：叶片呈单叶互生状，叶缘锯齿状，叶片缺刻深，有助于增加叶片的受光面积，同时也有利于叶片的通风和散热。

叶片颜色：叶片颜色浓绿，少蜡质，这种颜色能够吸收更多的光能，促进光合作用的进行。

叶柄长度：叶柄较长，一般在 8~14 cm，这样的叶柄长度有利于叶片的伸展和转动，以便更好地接收阳光。

（二）叶片的生理功能

光合作用：叶片是麒麟西瓜进行光合作用的主要场所，在光照条件下，叶片能够吸收光能，将二氧化碳和水转化为有机物和氧气，为植株的生长和发育提供能量和物质。

蒸腾作用：叶片还能够通过蒸腾作用，将植株体内的水分以水蒸气的形式散发到大气中，有助于调节植株的体温和维持水分平衡。

气体交换：叶片上的气孔是植株与外界进行气体交换的主要通道，能够吸收二氧化碳并释放氧气，同时也有助于植株对水分的吸收和运输。

（三）叶片的管理与保护

合理施肥：为了保持叶片的健康生长，需要合理施肥，提供充足的氮、磷、钾等营养元素，以满足叶片进行光合作用和生长的需要。

及时浇水：在干旱季节或土壤缺水时，需要及时浇水，保持土壤湿润，以满足叶片对水分的需求。但也要注意避免过度浇水，以免造成根部病害。

四、花

（一）花的类型与作用

麒麟西瓜花属于单性花，即在同一植株上，既有雄花也有雌花，它们各自承担着不同的生殖角色。

雄花：雄花主要负责产生花粉，通常较大，花瓣颜色鲜艳，如金黄或翠绿，中心簇拥着众多雄蕊，散发出花粉，但并无子房，因此不能结果。

雌花：雌花则负责接收花粉并孕育果实，花瓣相对较小且柔软，中心藏有子房，这是未来果实发育的地方。雌花静待授粉，一旦授粉成功，子房就会发育为果实。

（二）授粉与结实

麒麟西瓜的授粉通常依赖人工或昆虫等授粉，当雄花的花粉传到雌花的柱头上时，授粉过程就完成了。授粉后，雌花的子房开始发育，最终成为果实。

（三）花期的管理

在麒麟西瓜的花期，需要进行一系列的管理措施以确保果实的品质和产量。

温度控制：适宜的温度有助于花朵的正常开放和授粉；温度过高或过低都可能导致花朵发育不良或授粉失败。

湿度管理：适当的湿度有助于保持花朵的活力；湿度过低可能导致花朵干枯，湿度过高则可能引发病害。

综上所述，麒麟西瓜花作为麒麟西瓜植株上的重要部分，在繁殖过程中起着至关重要的作用。通过合理的管理和保护措施，可以确保花的健康生长和有效授粉，为麒麟西瓜的高产优质打下坚实的基础。

五、果实

（一）外观特征

形状：麒麟西瓜果实多为椭圆形或长椭圆形，果形周正且较为匀称。

颜色：果皮颜色通常为翠绿底覆墨绿细花条带，条纹清晰且美观，部分品种的果皮可能呈现墨绿色，有明显黑色条纹，条纹顺直。

果皮厚度：果皮厚度适中，一般在 0.4~0.5 cm，部分品种的果皮可能更薄，但耐贮运性会相应降低。

（二）内部品质

瓤色：麒麟西瓜的瓤色多为鲜红色，肉质脆嫩爽口，汁多味甜。

中心糖度：中心糖度较高，一般在 12% 以上，部分优质品种的中心糖度可达 12.5%。

口感：麒麟西瓜口感极佳，肉质细腻、无渣，且近皮部果肉与中心部果肉同样甜美。

（三）果实规格与包装规格

果实规格：麒麟西瓜的果实规格差异较大，一般在 3~8 kg，部分地区的麒麟西瓜可达 10 kg。

包装规格：在包装规格上，多为每箱 2 粒装与 4 粒装，且会根据果实大小进行分级包装。

（四）果实管理与保护

合理施肥：在果实生长期间，需要合理施肥，提供充足的氮、磷、钾等营养元素，以满足果实生长的需要，同时，要注意避免过量施肥，以免造成果实品质下降或植株徒长。

及时浇水：在果实膨大期，需要保持土壤湿润，以满足果实对水分的需求，但也要注意避免过度浇水，以防果实炸裂或病害的发生。

（五）食用方法与营养价值

食用方法：麒麟西瓜可以直接切开食用，也可以制成果汁、冰沙等饮品，口感极佳。

营养价值：麒麟西瓜富含水分、糖分、维生素 C、蛋白质、氨基酸、番茄红素及钙、钾、锌等矿物质等，具有清热解暑、利尿消肿等功效。同时，其还含有一定的抗氧化物质，有助于延缓衰老、预防疾病。

综上所述，麒麟西瓜果实具有独特的品质和特点，是夏季消暑解渴的佳品。通过合理的管理和保护措施，可以确保果实的品质和产量，为消费者提供优质的食用体验。

六、种子

（一）外观特征

麒麟西瓜种子通常具有以下外观特征。

形状：多为扁平，宽边缘，有的呈椭圆形或卵圆形。

颜色：呈棕黄色或灰黑色，表皮光滑，有的种子表面有网状条纹或小孔等。

（二）品质要求

优质的麒麟西瓜种子应具备以下品质要求。

纯度：指种子中本品种种子的百分率。高纯度的种子能够确保植株的一致性和果实的品质。

净度：指种子中除去杂质和废种子后纯净种子的百分率。高净度的种子有利于播种和植株的生长。

发芽率：指种子在适宜条件下发芽的百分率。高发芽率的种子能够确保更多的种子成功发芽，提高植株的成活率。

健康程度：种子应无病虫害、无损伤，以确保其健康生长。

综上所述，麒麟西瓜种子是麒麟西瓜种植的关键。通过选择优质的种子，进行科学的播种与管理，可以确保植株的健康生长和果实的优质高产。

【课程资源】

麒麟西瓜生物学特性

任务二　麒麟西瓜生长条件

一、麒麟西瓜生长环境条件

麒麟西瓜最佳生长温域为 24~26℃，根系发育最优温区为 30~32℃，且偏好有显著昼夜温差的环境。其耐旱性强，光照需求高，生育周期短。在其生长过程中，需要充分供应营养以促进植株苗壮成长。麒麟西瓜适宜在土质较为疏松、土层深厚、排水性能良好、呈弱酸性（一般土壤 pH 值 5~7 最为适宜）的沙质土壤中栽种。

二、宁夏回族自治区环境条件

宁夏位于黄土高原、内蒙古高原与青藏高原交会地带，拥有显著的大陆性气候，干旱少雨，蒸发强烈，日照充足，昼夜温差显著，辐射强而雨日稀，尤其是灌溉区培育麒麟西瓜，促进采后自然晾晒，造就其瓜体硕大、油润鲜亮、饱满非凡之质。加之宁夏海拔高、工业稀少的纯净环境，农业用水源自自然降水、黄河引灌及浅层地下水，耕作模式以一年一熟为主，化学投入品使用少，为麒麟西瓜绿色生态种植提供了理想土壤。

任务三　宁夏麒麟西瓜种植情况

一、宁夏麒麟西瓜种植模式

宁夏麒麟西瓜以大棚种植方式为主（图1-2）。塑料大棚长约30.0 m，高约2.5 m，跨度约6 m，一季一膜，通过两头棚口放风，棚体两侧棚膜压实。大棚易拆装，易管理。采用嫁接西瓜苗，其根系发达，抗病性强。西瓜6月中旬至9月采收，亩产量约4 500 kg。

图1-2　大棚种植麒麟西瓜

二、宁夏大棚麒麟西瓜种植优势

近年来生产实践表明，宁夏大棚种植麒麟西瓜有以下优势：每年4~9月，宁夏光热资源充足，昼夜温差适宜，确保西瓜品质佳、口感香甜、含糖量高；宁夏地区土壤条件好、无污染，部分地区以沙性土壤为主，是适宜优质西瓜生长的最佳土壤；夏季果实膨大，成熟周期短，宁夏的气候条件有利于大棚通风，进一步减少麒麟西瓜病虫害的发生，减少了农药的使用量；根据宁夏地区实际，宁夏麒麟西瓜采用大棚全生育期覆盖，滴灌施肥促早熟高产，品质优良，可实现一茬多收。这些有利的条件都促进了宁夏大棚麒麟西瓜产业的发展，为当地经济发展注入了活力。

练习思考题

一、选择题

1.（　　）不适合种植麒麟西瓜。

　　A.江苏　　　　　　B.海南　　　　　　C.新疆　　　　　　D.贵州

2.麒麟西瓜在宁夏大约有（　　）产区。

　　A.14个　　　　　　B.9个　　　　　　C.6个　　　　　　D.12个

3.宁夏麒麟西瓜的分布地不包括（　　）。

　　A.北部灌区　　　B.西部旱区　　　C.中部干旱带　　　D.南部山区

4.宁夏未大规模种植麒麟西瓜的是（　　）。

　　A.中宁县　　　　B.红寺堡区　　　C.平罗县　　　　D.西吉县

5.麒麟西瓜生长周期为（　　）。

　　A.30 d　　　　　　B.45 d　　　　　　C.60 d　　　　　　D.70 d

二、填空题

1.我国麒麟西瓜主要的分布区域有_____、_____、_____、_____。

2.麒麟西瓜的主要品种有_____、_____、_____、_____、_____。

3.麒麟西瓜最佳生长温域为_____，根系发育最优温区为_____。

4.麒麟西瓜部分优质品种的中心糖度在_____。

5.麒麟西瓜的生物学价值有_____、_____等。

三、判断题

1.宁夏麒麟西瓜中心部位可溶性固形物含量显著高于硒砂瓜和地膜瓜。（　　）

2.麒麟西瓜的果糖含量比硒砂瓜、地膜瓜高。（　　）

3.麒麟西瓜粗纤维含量比硒砂瓜高。（　　）

4.宁夏麒麟西瓜是二年生宿根性草本植物。（　　）

5.宁夏麒麟西瓜大棚生育覆盖可以实现一茬多收。（　　）

四、简答题

1.请简述麒麟西瓜生长的环境条件。

2.请简述麒麟西瓜花期的管理措施。

3. 请简述麒麟西瓜叶片的生理功能。

4. 请简述宁夏种植大棚麒麟西瓜的优势。

五、课后小调研

请课后调查自己家乡周边种植的主要麒麟西瓜品种，以及各品种的主要特点，形成调研报告。

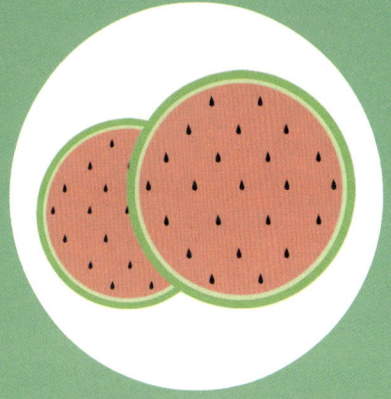

模块二　麒麟西瓜整地施肥

项目一　麒麟西瓜整地

🍉 学习目标

知识目标

了解整地作业的重要性，能合理选择麒麟西瓜种植区域，了解麒麟西瓜种植土壤条件。

能力目标

能够掌握完成地块选择和整地作业技术。培养学生在整地过程中发现问题、分析问题和解决问题的能力。

价值目标

通过学习麒麟西瓜地块整地技术，使学生认识到整地作业对农业生产的重要性，增强学生保护和合理利用土地资源的意识。

任务一　麒麟西瓜地块选择

麒麟西瓜宜植于深厚疏松、弱酸性（pH值5~7）、排灌优良的沙壤土，且需符合《土壤环境质量　农用地土壤污染风险管控标准（试行）》（GB 15618—2018）、《环境空气质量标准》（GB 3095—2012）及《农田灌溉水质标准》（GB 5084—2021）。优选近5年旱地或近3年水田、无瓜类种植史的田块，以确保其品质与产量。

麒麟西瓜栽培讲究土地轮作，避免重茬与瓜类连作，以防枯萎病害侵扰。旱地宜轮作7~9年，水田宜轮作3~4年，以确保土壤健康。尽管麒麟西瓜对土壤适应力强，但优选高燥向阳、土层深厚、质地疏松、排水畅通的田块，尤其是交通便利、灌溉便捷之地更佳。对于不同类型的土壤，如河滩沙地、黏重土、酸性土及轻度盐碱地，通过改良、深耕与增施有机肥，均可促进其高产。

渗水性能是选地的关键，优质土壤能确保水分与养分均衡，利于根系吸收，促进西瓜苗壮成长。大棚栽培更需精细管理土壤，确保透气、保水保肥，优选无瓜果栽培史的田块。基肥施用亦是关键，应科学配比氮、磷、钾及硼砂，以增强土壤肥力，促进西瓜生长与果实发育。此外，灌溉水源的便利性亦不容忽视，以确保生长期间水分充足。

综上所述，麒麟西瓜的栽培需综合考虑土壤质地、轮作制度、灌溉条件及施肥策略，以创造最佳生长环境，实现高产优质。

任务二　麒麟西瓜整地实施要点

一、整地的要求

（一）露地栽培

种植麒麟西瓜前，精细整地是基础。需确保畦土松软，深耕 20~30 cm，清除一切障碍物，如树根、草根、石块等，细致耙平，形成宽 1~1.2 m、高 20~25 cm 的规整畦面，作业道保持 40~50 cm 宽，长度依地势灵活调整，便于排水。畦面铺设前，应喷施乙草胺防草害。田块选择上，偏好土层深厚、排水灌溉便利、连片广阔的沙壤土，以优化作物生长环境，为高产优质奠定坚实基础。

（二）大棚栽培

在筹备大棚麒麟西瓜种植之际，详尽的预备工作不可或缺，以规避后续种植中的潜在风险。收获前茬作物后，应迅速清除田间杂草虫害，深翻土壤以优化土层结构，有效减少病原体与害虫基数。入冬前，应细致平整田块，确保土壤深度均匀，为下期种植打下坚实基础。

大棚麒麟西瓜的栽培是一项精细且全面的任务，涉及幼苗移植、精细授粉、光温水调控及后期养分补充等关键环节，任一环节的疏忽均会显著影响果实的产量与品质。播种前，土壤消毒与种子营养钵培育是重要步骤，以确保起点健康。种植过程中，需灵活制定田间管理方案，融合具体大棚条件与生长环境，建立定制化综合管理体系，以最大化提升大棚麒麟西瓜的种植成效与品质。

二、整地的重要性

整地作为优化土壤环境的关键措施，旨在为麒麟西瓜营造理想的生长土壤，核心在于调整土壤结构，优化幼苗生长的立地条件，针对土壤贫瘠或恶劣区域，通过人工干预，可改善土壤质量，使原本不适宜种植的土地焕发新生，促进生态平衡。此举不仅应对了水土流失、土地退化等环境问题，减轻了其对农业生产和居民生活的负面影响，还通过清除杂草、改善土壤微环境，直接提升了幼苗的成活率和生长质量，为麒麟西瓜的苗壮成长奠定了坚实基础。

三、整地机械设备的特点

农业机械的引入成为推动农业发展的强劲动力，为精准整地提供了坚实支撑，不仅能够助力探索最佳土壤耕作深度，更能够通过机械化深耕，显著提升土壤质量与利用效能，为农作物的苗壮成长注入活力。精耕细作之下，土壤结构得以优化，养分循环体系更为完善，有效促进了养分的吸收与利用，延长了耕地生命力。此举不仅提升了作物存活率与单产，还通过缩短休闲期与降低耕作成本，实现了农业生产的高效与经济发展，为农业可持续发展铺设了绿色、低耗的道路，确保了土地资源的长期安全利用与农业生产的良性循环。

四、常见整地机械设备

（一）铧式犁

铧式犁是农业生产中最基本、最重要的垦耕工具，是一种常见的农耕机具，具有结构简单、使用方便、操作轻便的优点。其采用的是两轮拖拉结构，通过传动齿轮实现螺旋传动，使铧刀切削、破碎耕作土壤。铧式犁的结构可分为旋转部分和定位部分，铧刀、铲刀固定在圆盘上，通过销轴固定铧刀。铧式犁的机体通常由钢板等材料制成，整个机身轻便坚固。铧式犁其犁底与犁铧之间的空隙可使土壤得到足够的破碎和运转，提高土壤的通透性和保水性，增强水和肥料的渗透性，让作物根系更加顺利生长，从而达到增加农作物产量的目的。

铧式犁可以深度松耕土层，保证土壤松散，同时铧刀的切割作用可以将农作物深埋的茎秆、根系等硬质物质切割成较小的颗粒，增加土壤通气性和垂直深度；也能将土壤压实后起落，从而避免了土壤板结，保证土壤的通风性，保持水分，更能起到保护作物根系的作用。铧式犁在翻耕土地时，可以将不同层次的土壤混合，不同深度土壤中的养分被分散，使土壤中的有机质、矿质物质更加充分地混合，增加了土壤的肥力，农作物在生长中更加容易吸收到有效的营养物质。铧式犁在农业生产中的作用不言而喻，可以保证土壤的通风性、保水性，提高土壤肥力，增加农作物产量。

（二）旋耕机

旋耕机，别名"旋转耕作犁"，是一种动力驱动型耕地设备，其核心工作原理为依托于高速旋转的刀片对土壤进行精细加工。该机械与拖拉机紧密配合，能高效完成耕整、耙平等农田作业，有效削减并掩埋地表下的作物根系残留，同时打破土壤固化的犁底层，重塑健康的土壤层次结构，并显著提升土壤的持水与保土能力。

旋耕机依据刀轴配置差异，细分为横轴型、立轴型及斜置型三大类，其中横轴式旋耕机因其广泛的适用性而备受青睐。尽管型号各异，但旋耕机的基本构造均涵盖传动系统、机架框架、刀片组件、旋转刀轴、平土辅助板、防泥罩壳及深度控制装置等关键部分。其显著的技术亮点在于卓越的碎土效能，依托拖拉机提供的强劲动力，旋耕刀片能够及时且精准地切割土层，对于初次碎土效果不理想的区域，可通过重复作业直至达到理想的土壤疏松状态。此外，碎土后的土壤表面平整细腻，无沟壑起伏，土壤分布高度均匀。

项目二　麒麟西瓜施肥消毒

🍉 **学习目标**

知识目标

了解栽植前土壤消毒、施基肥的重要性，掌握鉴别肥料、识别肥料类别的方法，掌握栽植前基肥配比及施用量、施用基肥时间，土壤消毒方法，正确操作土壤消毒技术。

能力目标

提高学生对肥料的选择和使用能力，使其能够根据麒麟西瓜的生长需求和土壤状况，选用适宜的肥料，掌握正确的施肥方法，提高肥料利用效率；提高土壤消毒技术操作能力，能熟练运用土壤消毒药剂进行土壤消毒作业，具备评估土壤消毒效果的能力，提高土壤质量。

价值目标

通过学习施肥技术和土壤消毒技术，提高麒麟西瓜产量和品质，引导学生增强对农业技术的认识，树立绿色、可持续的发展理念，促进农村经济发展，助理乡村振兴。

任务一　麒麟西瓜基肥实施要点

麒麟西瓜生长快、需肥量大，施肥管理至关重要，科学的施肥策略是提升品质与产量的关键。

一、施基肥的要求

麒麟西瓜基肥需充足，避免25%复合肥，优选45%以上高氮磷钾复合肥，硫酸钾型尤佳。

（一）有机肥要腐熟

大棚栽培麒麟西瓜时，需慎选基肥防病害。生肥携带病虫菌，伤根损苗风险大。未腐熟有机肥发酵产热，幼苗根系易受创。同时，腐熟过程中会释放有害气体，通风不良易致肥害。因此，基肥施有机肥务必充分腐熟，确保安全。推荐农家肥如猪、鸡、羊粪，适量施用，约 5 m³/ 亩或等量换算为圈肥 5 000 kg/ 亩，以营造健康生长环境。

（二）均衡搭配化肥

麒麟西瓜喜欢钾磷，氮磷钾合理配比可以精准促生长，科学调控 3 大元素比例是关键。在施肥策略上，基肥约应占据总施肥量的 70%，剩余部分则通过以氮钾为主的追肥形式补充。为确保高效利用与全面营养供给，建议选用市场认可度高的复合肥，该肥料具备高养分含量（总养分不低于 45%），特别是含中等量氮、高含量磷及高含量钾的配方，以硫酸钾型复合肥为优选，因其更利于植物吸收。对于沙壤质土壤，每亩推荐基肥用量约为 70 kg，以此实现更为精准且低重复的施肥管理。

（三）增施生物菌肥

老种植区因长期连作，土壤板结、盐渍化严重，会影响麒麟西瓜对肥料的吸收，降低产量与品质，增加病虫害风险及生产成本。为改善此状况，增施高品质生物菌肥是关键。此类肥料富含高效活性菌，能有效松土、优化土壤结构、提升肥料利用率，并助力减少农药残留。选择知名品牌、高活性菌含量的生物菌肥，每亩约需 2 kg，以低成本高效益策略，促进麒麟西瓜健康生长，提升产量，增加种植收益。

（四）适量补充微肥

麒麟西瓜对微量元素肥料敏感，缺乏时会导致雌花稀疏、结瓜率下降、瓜形不规整及裂瓜现象，严重影响产量与商品价值，进而降低种植效益。冷棚种植时，应重视补充铁、硼、锌、钙等微肥，采取基肥与叶面喷施相结合的方式。基肥施用时，可单施或复配复合微肥，每亩约需 1 kg。至西瓜膨大期，结合高纯度磷酸二氢钾进行叶面喷施，共 2~3 次，不仅能增产，还能显著提升西瓜品质。

二、不同生育期施肥要求

麒麟西瓜的肥料需求虽高，但其根系较为敏感，需精细管理以防过肥伤害。其生长周期中，肥料吸收特征显著变化，可划分为 4 个关键阶段。

幼苗期：此期麒麟西瓜对各类肥料的吸收量均处于较低水平，总体占比微不足道。

伸蔓期：随着植株生长，肥料吸收显著增加，约占总需求量的 1/10，此期以氮肥为主，辅以磷钾肥，以促进藤蔓扩展。

开花坐果期：磷肥需求达到高峰，对促进花芽分化、增强生长势、提高坐果率至关重要。

结瓜期：自果实褪毛至膨大后期，是麒麟西瓜养分吸收最为旺盛的阶段，干物质积累迅速，氮、磷、钾吸收量均达高峰，其中钾元素吸收尤为突出。此后至成熟期，肥料吸收逐渐减缓。

综上所述，麒麟西瓜的养分吸收呈现"前少中多后减"的趋势，钾元素需求最为迫切，氮次之，磷相对较少。氮磷的营养敏感期在幼苗阶段，钾则在伸蔓期显现。营养最大效率期集中在结瓜阶段，此阶段应科学管理施肥，对提升产量与品质至关重要。

三、麒麟西瓜施肥的原则

麒麟西瓜施肥的核心策略是：强化有机肥应用，平衡氮肥施用量，稳定磷肥供给，并特别增大钾肥比例，确保氮、磷、钾 3 大元素协同作用，同时适时补充中微量元素，以满足西瓜的全面营养需求。

一是增施有机肥。旨在减少化学肥料依赖，提升土壤肥力与结构，促进西瓜根系健壮发展，有效抵御土传病害，从而显著提升西瓜的产量与品质。

二是化肥施用需精准调控。依据肥料利用率、土壤肥力现状及西瓜生长阶段的营养需求，灵活调整施肥方案。例如，苗期应侧重氮肥以促进植株生长；中期应适量增施磷肥，以平衡营养与生殖生长；膨大期则应重施钾肥，助力果实膨大与品质优化。

三是补充中微量元素。虽其含量微小，但钙、镁、硫等中量元素及锌、硼、锰等微量元素对西瓜生长至关重要。缺乏这些元素时易导致生长障碍，影响产量与品质，应适时适量补充，确保西瓜健康生长。

四、麒麟西瓜全套施肥技术

（一）基肥施用

基肥作为麒麟西瓜生长周期的养分基石，不仅能为植株提供必要营养，还兼具土壤改良与地力提升的功能。建议施肥量占整个生育期的50%~67%，每亩含腐熟有机物料（如鸡牛粪1~2 m³）或商品有机肥（200~400 kg），增施腐熟饼肥（80~100 kg）及平衡复合肥（15~20 kg），以实现全面均衡的营养供给，促进麒麟西瓜健康生长。

（二）根际追肥策略

幼苗期：于真叶2~4片时进行追肥，促进幼苗快长与根系强健，防止僵苗。施肥时应于幼苗旁15 cm处开沟，优选海精灵生物刺激剂（根施型），稀释300倍后淋施，精准补养，助力健康成长。如遇萎蔫或僵苗，可改用叶面喷施方式，以海精灵生物刺激剂（叶面型）稀释1 000倍进行补救。

伸蔓期：此期西瓜生长迅速，养分需求激增。通过追施有机肥、化肥与海精灵生物刺激剂（根施型）的混合肥料，可显著促进瓜蔓伸长、叶面积扩展及根系强健。具体用量建议每亩施腐熟饼肥40~100 kg或沼肥100~150 kg，搭配尿素15~20 kg、硫酸钾15~20 kg，并辅以海精灵生物刺激剂（根施型）稀释300倍施入。

开花坐果期：此期应谨慎进行根部追肥与灌溉，以免妨碍开花坐果。如遇生长不良、子房瘦弱或坐果难时，应及时采取措施，如通过叶面追肥进行补救，确保植株健康生长。

结瓜期：幼瓜进入快速膨大期后，需重点补充磷钾肥，辅以适量氮肥，以促进果实发育并防止早衰。膨瓜肥应分两次追施：第一次于幼瓜鸡蛋大小时，以氮钾肥为主，每亩施入磷酸二铵15~20 kg及硫酸钾10~15 kg；第二次则在瓜体碗口大小时，每亩追施尿素5~7 kg、硫酸钾5~10 kg，可选择随水追施或撒施后立即灌溉。此外，叶面追肥作为根部吸收的补充，能快速响应植株营养需求，缓解生长压力，实现高效施肥目标。

五、肥料的类别

（一）天然有机肥料

这类肥料源自自然，主要由植物残体、动物排泄物等富含有机质的原料制成，种类多样化。

秸秆还田肥：农作物收获后，将剩余的秸秆（如麦秸、稻草、玉米秸、豆秸、油菜秸等）直接翻入土壤中，作为自然降解的有机肥料。

绿肥作物：生长期内被专门种植，随后直接翻压入土或异地施用的新鲜植物体，主要分为豆科绿肥（如苜蓿、豌豆藤）和非豆科绿肥（如黑麦草、紫云英）。

畜禽粪便堆肥：通过将圈养畜禽产生的排泄物与秸秆等垫料混合，在适宜条件下进行自然或人工加速发酵腐熟，最终形成富含养分的肥料。

好氧堆肥：利用微生物在人工控制的环境（调节水分、碳氮比，通风等）中分解植物、动物排泄物等有机废弃物，将其转化为稳定且富含养分的肥料，适合直接施用于土壤。

厌氧沤肥：在淹水或缺氧条件下，通过微生物的厌氧发酵作用，将植物、动物排泄物等有机物料分解腐熟，生成的肥料富含有机酸及微生物代谢产物。

沼气副产物肥：源于农业废弃物经厌氧消化过程产生的沼气发酵残留物，主要包括经过处理的沼渣和富含营养元素的沼液，可作为高效的有机肥料使用。

植物饼粕肥：源自含油量高的植物种子（如大豆、芝麻、花生等）经压榨提取油脂后剩余的残渣，经过加工处理而成的有机肥料，富含蛋白质、氨基酸及多种微量元素。

（二）有机肥料

有机肥料是经过发酵腐熟处理的植物秸秆、废弃物及动物粪便等富含碳的有机材料，在土壤健康与作物生产中扮演着多重角色。其不仅能够有效改良土壤的物理和化学特性，还能以稳定且持续的方式为植物提供必要的养分，进而促进作物生长，并显著提升农产品的品质与风味。

（三）微生物肥料

微生物肥料是一种集成了特定微生物活体的农业应用产品，旨在通过微生物的自然生命活动，在农业生产中发挥多重作用。其不仅能够提升土壤中植物养分的有效供给，还能直接促进植物的生长，从而实现作物产量的显著增加和农产品品质的优化。此外，这种肥料还具备改善农业生态环境的功能，有助于构建更加健康、可持续的农田生态系统。

（四）有机无机复混肥料

复混肥含有有机物料，氮磷钾 3 种养分中至少含有 2 种，化学或掺混制成，能全面滋养、促进植物生长。

（五）无机肥料

无机肥料主要指以无机盐形式存在的，能直接为植物提供矿质养分的肥料。

六、肥料的鉴别

（一）尿素的真假鉴别

鉴别尿素真伪的6大步骤可简要概括为：验标识、观色泽、嗅气味、触质感、火试验及水溶解。

（1）验标识。核查包装上的国家标准号，正规尿素应标注GB/T 2440—2017，同时检查生产批号是否清晰，封口是否采用正反叠边机械密封，这是初步辨别的关键。

（2）观色泽。真尿素颗粒呈半透明状，色泽均匀洁白，颗粒大小一致。若颗粒表面异常光亮、暗淡或反光明显，则可能为假冒产品。

（3）嗅气味。正规尿素在自然状态下几乎无挥发性气味，仅在极端条件下（如高温、潮湿）才会释放氨味。若常态下即有强烈的氨味，可能掺杂了碳酸氢铵，需警惕。

（4）触质感。真尿素颗粒触感干爽，大小均匀，不易结块，给人以凉爽感。假尿素则可能手感潮湿、有灼热或刺手感。

（5）火试验。将少量尿素置于火源上，真品会迅速熔化并冒白烟，伴随刺鼻氨味。若燃烧剧烈、发光或有异响，则可能掺有硝酸铵。

（6）水溶解。进行简易的水溶测试，真尿素在水中溶解迅速，溶液清澈且能显著降低水温。若溶解缓慢、溶液浑浊或水温变化不明显，则质量存疑，可能为假尿素。

（二）磷酸二铵的真假鉴别

在鉴别磷酸二铵真伪的过程中，细致观察与科学测试至关重要。

（1）应聚焦于包装袋上的关键信息，确认执行标准号准确无误，即GB/T 10205—2009，任何偏差或多余标识均为疑点。同时，磷酸二铵的纯度标准严格限定为57%或64%，超出此范围或标注模糊者，均需高度警惕。特别应注意的是，包装上若混杂"复混肥""复合肥"等字样，即便以微小字体标注，也应直接判定为假冒产品，因其本质上已非纯粹的磷酸二铵。

（2）从物理特性入手，真品磷酸二铵以其高硬度著称，不易受外力碾碎，且握持后留有油湿感，这是辨别真伪的直观依据。进一步通过灼烧测试，真磷酸二铵在火源上不会迅速熔化，且无强烈氨味释放，这是真品与假冒品的显著区别之一。

（3）溶解性检验是不可或缺的一环。将少量样品置于水中，磷酸二铵应能较快溶解，形成清澈溶液，向此溶液中加入少量面碱或小苏打，真品因本身弱碱性，反应会相对迟缓，产生气泡的时间较长。反之，若立即产生大量气泡，则表明样品可能含有其他碱性成分，非纯正磷酸二铵。

综上所述，通过严格核对包装信息、物理性质检验及溶解性测试，可以有效区分磷酸二铵的真伪，确保农业生产中的肥料质量与安全。

（三）钾肥的真假鉴别

（1）价格是关键参考。当前钾肥均价约 6 000 元 /t，若单价显著低于 5 元 /kg，则应警惕其为劣质或假冒产品。

（2）包装信息的完整性不容忽视。正规产品包装上应清晰标注国家标准编号、肥料名称、营养成分比例、等级、商标、净重、生产厂家及地址、生产许可证号等，信息不全者往往存在问题。

（3）外观检查同样重要。氯化钾多呈白色晶体，偶有淡黄色杂质，进口品可能红白相间；硫酸钾为纯白或略带灰黄；磷酸二氢钾作为复合肥料，其纯品应为白色结晶。

（4）溶解性测试简便有效。将少量样品置于清水中搅拌，真品应迅速溶解且无杂质残留。若溶解缓慢或出现沉淀，则质量可疑。

（5）用火烧测试可进一步验证。氯化钾与硫酸钾在火源上应表现为不燃不熔，并伴有"噼啪"声，无此现象者则可能为假。

（6）针对磷酸二氢钾的特殊性，可采用石灰水或草木灰水进行鉴别。真品加入后不应产生刺鼻氨味，若闻到此类气味，则极可能是掺杂磷铵的假冒品。

综上所述，通过价格比对、包装检查、外观识别、溶解性测试及专业火烧与化学试剂试验，可更为准确地辨别钾肥真伪，保障农业生产效益。

（四）复合肥的真假鉴别

面对农资市场上琳琅满目的复合肥料，其品质参差不齐，真伪难辨，给农户选购带来了不小挑战。为确保购得优质肥料，以下是一套更为精练且差异化的鉴别策略。

（1）询价比对。复合肥料的价格往往是其品质的间接反映。在明确肥料用途后，询价时应秉持"质优价合理，高价非必然，低价需谨慎"的原则，避免盲目追求低价而忽视质量。

（2）细查包装标识。优质复合肥的包装上，国家标准《复合肥料》（GB/T 15063—2020）、生产许可证号等信息应清晰可辨，且颗粒形态多为鲜艳的红色或基于氯化钾原料的白色，颗粒饱满。相反，假冒产品可能颗粒性差，以灰黑或灰色粉末状居多，且包装信息模糊不全。

（3）手感鉴别。通过手搓复合肥颗粒，可感受其硬度和质地。优质肥料手感硬实，光泽度高，揉搓后手上留有细腻的白色粉末并伴有黏着感和凉爽感，这是复合肥内部含有高质量成分的体现。劣质肥料则多为灰黑色粉末，无黏着感，颗粒内无白色晶体。

（4）火烧测试。利用烟头或打火机对少量复合肥进行火烧试验，优质肥料会迅速熔化并伴有强烈的氨气味，这是其化学成分的直观表现。假冒肥料则可能不熔化或熔化程度极低。

（5）水溶验证。复合肥的水溶性是衡量其质量的重要指标之一。将少量肥料加入水中搅拌，优质肥料能迅速溶解，溶液清澈无残渣，溶解速度越快，说明质量越优。相反，假冒伪劣产品溶解性差，溶解后留有大量不溶物。

综上所述，通过综合运用询价、细查包裹标识、手感鉴别、火烧测试和水溶验证等方法，可以更有效地鉴别复合肥料的质量与真伪，为农业生产提供有力保障。

（五）农家肥腐熟的简易判断

宁夏在农家肥沤制方面拥有坚实的根基，不仅基地设施完善，技术积累深厚，而且自然资源丰富，农民世代传承着沤制农家肥的实践经验。然而，传统方法因技术粗糙，常导致肥料品质参差不齐。近年来地区农业农村部门积极介入，通过大力示范与推广，显著提升了农家肥的沤制水平。以下是 4 种更为精准且低重复率的判断农家肥品质的方法。

（1）色泽观察法。经过充分发酵腐熟的农家肥料，其外观会呈现出均匀的褐色或黑褐色，且成品中无明显杂质混入，这是判断其成熟度与纯度的直观依据。

（2）触感检验法。抓取一把农家肥料，无论是湿润还是干燥状态，优质肥料都应有一致的手感特性。湿润时，肥料应柔软且富有弹性；干燥后，则变得脆硬，易于破碎。这种触感差异有助于区分肥料的品质。

（3）水溶对比法。将待测农家肥样品分别置于清水中浸泡，几分钟后观察其溶解状态。优质农家肥在水中应能均匀分散，无明显沉淀；劣质肥料则可能因含有较多杂质（如沙子、泥土），导致容器底部出现明显的沉积物，从而轻松辨别两者差异。

（4）密封袋测试法。针对以畜禽粪尿为主要成分的农家肥，可采用塑料袋密封法进行检验。将肥料样品装入塑料袋中并密封，观察其是否产生气体导致塑料袋膨胀。若塑料袋保持原状，未发生鼓胀现象，则可判断该农家肥已完全腐熟，适合使用。此方法简单有效，是评估农家肥腐熟程度的一种便捷手段。

【课程资源】

基肥的实施要点

任务二　麒麟西瓜土壤消毒操作

一、土壤消毒的操作

利用土壤净化技术可高效清除土壤中的病菌、虫害及杂草等，特别是针对高价值作物的连作障碍，能有效提升作物产量与品质。该技术不仅可采用化学药剂于播种前施用，还利用干热或蒸汽等物理方法实施消毒，能够全面处理土壤，消除有害微生物、污染物及毒素，保障作物的健康生长环境。

二、常用土壤消毒的方法

在农业生产中，土壤消毒是一个至关重要的环节，旨在通过不同的技术手段有效杀灭土壤中的病原微生物、害虫及杂草种子，从而保障作物的健康生长，提升产量与品质。

（一）辐射灭菌技术

辐射灭菌是一种非化学、无残留的消毒方式，其核心在于利用穿透力强、能量高的射线，如钴-60产生的 γ 射线，对土壤进行深度处理。这种射线能够深入土壤内部，破坏微生物的 DNA 结构，从而达到灭菌消毒的目的。此方法因其高效、环保的特性，在特定领域如种子处理、无菌实验室土壤准备等方面得到广泛应用。

（二）化学消毒法

在化学消毒领域，除传统的氧化剂和烷化剂（如环氧乙烷、氧化丙烯、过氧乙酸、高锰酸钾）外，近年来还研发出了一系列新型环保消毒剂。这些消毒剂在保证高效杀菌的同时，更加注重对环境的友好性，减少了对土壤的残留影响。使用后，需确保药剂充分挥发，避免对后续作物造成不良影响。

（三）药剂土壤处理

精准喷淋与灌溉技术。通过精准控制药剂浓度与施用量，采用喷淋或灌溉方式将药剂均匀分布于土壤表层及深层，可有效防治土传病害。这种方法灵活多变，适用于大田作物、育苗营养土及草坪更新等多种场景。

毒土法改良实践。先将农药与适量湿度的细土混合制成毒土，再根据作物生长需求及土壤条件，采用沟施、穴施或撒施等方式施用。此方法不仅提高了药剂的利用率，还减少了对环境的污染。

熏蒸消毒技术革新。利用先进的土壤注射设备或消毒机，将熏蒸剂注入土壤中，并通过覆盖薄膜等方式创造密闭环境，使药剂在土壤中充分扩散，达到高效杀菌的目的。此方法在设施农业中尤为常见，如草莓、西瓜、蔬菜等作物种植前的土壤消毒。

（四）太阳能与蒸汽热消毒

太阳能土壤消毒。利用夏季高温及透明吸热薄膜的增温效应，对土壤进行自然加热消毒。此方法无须额外能源消耗，且对环境无污染，特别适合在北方地区的温室大棚内应用。

蒸汽热消毒。通过蒸汽锅炉产生的热能对土壤进行加热处理，高温环境能有效杀死病原菌。此方法虽然设备复杂、成本较高，但对于经济价值较高的作物及小面积苗床消毒而言，具有显著效果。

（五）物理方法——暴晒消毒

暴晒消毒是一种简便易行的物理消毒方法。在夏季高温时段，将土壤均匀铺撒在硬质地面上进行暴晒，利用高温杀灭土壤中的病原微生物及害虫。此外，结合化学药剂的喷洒使用，可进一步提升消毒效果。此方法成本低廉、操作简便，是盆栽花卉土壤消毒的理想选择。

综上所述，土壤消毒技术涵盖了辐射灭菌、化学消毒、药剂处理、太阳能消毒、蒸汽热消毒及物理暴晒等多种方法，每种方法都有其独特的优势与适用场景。在实际应用中，应根据作物种类、土壤条件及经济条件等因素综合考虑，选择最合适的消毒技术，以确保土壤健康、作物高产优质。

三、大棚麒麟西瓜种植后土壤改良对策

（一）测土配肥，增施有机肥

实施精准测土配方施肥，旨在减少化学肥料依赖，转而强化有机肥施用。有机肥如绿肥与充分腐熟的农家肥，能优化根际微环境，促进有益微生物繁殖，有效减轻西瓜自毒效应。这些肥料不仅能改良土壤结构，还能提升土壤生物多样性与肥力，增强土壤保肥、供肥能力，从而全面改善土壤理化与生物特性，为作物生长奠定肥沃、健康的土壤基础。

（二）轮作倒茬，改善土壤环境

大棚麒麟西瓜生产结束后可种植一茬绿叶或根类蔬菜，如白菜、甘蓝、萝卜等十字花科蔬菜，十字花科蔬菜需硫更多一些，可有效降低土壤含硫量。甘蓝、白菜属于耐盐性作物，可以有效改善土壤盐碱性。也可种植生育期短的萝卜、油麦菜等，以改善土壤环境。连作2年后，拆除大棚，种植大豆、玉米、小麦等农作物均可。

（三）采用新型土壤改良剂，改善土壤特性

新型土壤改良剂木霉菌可强效抑制土壤病害，显著降低土传疾病风险。其独特之处在于能激发作物内生防御机制，提升抗病力，并有效分解有机毒素与重金属，优化土壤结构，激活养分元素，安全吸附有害金属，全面守护根系健康。此改良剂不仅能够显著提升作物产量与品质，还能够促进养分高效利用，减少流失。可灵活融入腐熟肥、有机肥及生物菌肥中，作为基肥或移栽后灌溉施用，便捷高效。

【课程资源】

土壤消毒的操作

项目三　实训

知识目标

掌握土壤 pH 值的测定方法。

能力目标

在测定土壤 pH 值的过程中，学生需要动手操作，观察实验现象，分析问题，从而提高实践操作能力和观察分析能力。鼓励学生创新，探索更高效、环保的测定方法，培养创新能力。

价值目标

通过本次实践活动，让学生认识到土壤 pH 值对植物生长的重要性，引导学生关注农业生产中的实际问题，培养其解决实际问题的能力。

实训　土壤的 pH 值测定

土壤酸碱度作为衡量土壤溶液氢离子浓度的重要指标，其量化表达即为 pH 值。pH 值深刻影响着土壤的理化特性与肥力状况，不仅界定了土壤的酸碱性质（低于 7 呈酸性，等于 7 为中性，高于 7 则显碱性），更在微观层面上精细地调控着土壤中养分的形态转化与可利用性，如氮素的硝化、有机质的分解等生化过程。这一基本性质对农作物的生长环境构建至关重要，直接关系到肥料效率的高低。土壤过酸或过碱，均会削弱肥效，抑制微生物活性，进而影响作物根系的健康发育与整体生长速率。

值得注意的是，土壤酸碱度对作物养分吸收具有选择性影响，如中性土壤利于磷素的高效利用，碱性条件则限制了微量元素的有效性，间接阻碍了农作物的苗壮成长。因此，在农业生产实践中，准确把握土壤 pH 值，并采取科学合理的调节措施，对于提升作物产量与品质具有不可估量的价值。依据《土壤　pH 值的测定　电位法》（HJ 962—2018）标准进行检测，是精准评估与调控土壤酸碱度的可靠手段。

一、实验原理

实验以水为浸提剂，水土比设定为 2.5∶1，制备土壤悬液。将 pH 玻璃电极与参比电极共置于悬液中，形成电化学体系，两者间产生电位差。此电位差在恒温下直接关联于悬液的 pH 值，因参比电极电位恒定，故电位差变化即反映氢离子浓度变化，也即 pH 值变化。据此，通过精确测量该电位差，可准确测定土壤的 pH 值。

二、样品制备

（1）环境准备。设立专用风干与磨样区域，确保环境优越。风干室朝南布局，精心设计以规避阳光直射，同时保障室内通风顺畅，维持高度清洁，远离尘埃与挥发性化学物质的侵扰。

（2）工具与容器精选。精选工具与容器，确保样品处理过程无污染。应采用白色搪瓷盘或木质盘进行自然风干，粗碎环节则配备木质或有机玻璃材质的锤、辊、棒等工具，辅以无色聚乙烯薄膜，保障样品纯净。磨样阶段，选用高质量的玛瑙研磨机或玛瑙、白色瓷研钵，确保研磨精细。过筛工具选用尼龙材质，规格覆盖 2~100 目，满足不同需求。样品存储则采用密封性良好的玻璃瓶、无色聚乙烯瓶或特制牛皮纸袋，根据样品量灵活选择。

（3）细致风干处理。在专设风干室内，将土样均匀铺展于盘中，形成 2~3 cm 的薄层，定期轻压翻动，细心剔除杂质，如碎石、沙砾及植物残留。

（4）精准粗磨与筛选。将样品移至磨样室，利用有机玻璃板及木质工具对风干的土壤样品实施初步物理破碎，细致剔除混杂物。通过四分法精确取样，并过筛（孔径为 0.25 mm，即 20 目）。筛后样品置于无色聚乙烯薄膜上，充分混合均匀，再次采用四分法分样，分别存放于库房及待细磨区。粗磨样本直接适用于土壤 pH 值的快速分析。非即时测定样品需密封保存，以防外界氨气、酸性气体及不良环境因素产生影响。

三、试剂和设备

（一）试剂和材料

在进行实验分析时，除特别提醒外，一律采用符合国标的分析纯级试剂以确保数据准确性。实验用水需预先处理，通过煮沸 10 min 去除二氧化碳后冷却，确保新鲜且无杂质。关键试剂如邻苯二甲酸氢钾、磷酸二氢钾及无水磷酸氢二钠，均需在 110~120℃下烘干 2 h，以去除水分及可能存在的挥发性杂质。四硼酸钠则需与饱和溴化钠（或氯化钠和蔗糖溶液）共置于干燥器中平衡 48 h，维持其稳定性。

pH 标准缓冲溶液的配制：分别精确称量所需量的邻苯二甲酸氢钾、磷酸二氢钾、无水磷酸氢二钠、四硼酸钠，分别配制成 pH 值为 4.01、6.86 及 9.18（均在 25℃下）的标准溶液，这些溶液均在容量瓶中定容至 1 L，确保浓度精确。亦可直接选用已符合国家标准的成品溶液，以提高效率。

制备好的 pH 标准缓冲溶液应置于冰箱中 4℃冷藏保存，有效期通常为 2~3 个月。使用前需检查溶液状态，若出现浑浊、霉变或沉淀等异常现象，则应立即弃用，以避免对实验结果产生不良影响。

（二）仪器和设备

包括高精度（0.01 pH 单位）带温补 pH 计，玻璃或复合 pH 电极，温控磁力搅拌器、振荡器，2 mm 孔径土壤筛，以及常规实验室仪器装备。

四、试验步骤

（1）样品准备。精确称取 10 g 土壤样本，置于 50 mL 专用高杯中，随后加入 25 mL 纯净水；密封容器后，采用磁力搅拌或水平振荡方式，强力搅拌 2 min，确保样本与溶液充分混合；随后静置 30 min，确保悬浊液稳定。整个过程需在 1 h 内完成。

（2）pH 计精确校准。使用磁力搅拌器，将含标准缓冲溶液的烧杯置于其上，插入电极并启动搅拌；待读数稳定后，通过确认键校准，确保仪器显示值与缓冲液标准 pH 值吻合，误差不超过 0.02 pH 单位。此过程需重复，采用第二种标准缓冲液再次校准，确保准确性。

（3）样品 pH 测定。将校准后的电极轻轻插入样品悬浊液，确保探头位于液面下适当深度（悬浊液垂直深度的 1/3~2/3）；轻微摇动样品，待读数稳定后，记录结果。每次测定后，需彻底清洗电极并吸干水分，以备下一轮测试。

（4）结果记录与表述。测量结果精确至小数点后两位，对于极端值（<2.00 或 >12.00）采用特定符号（如 "pH < 2.00" 或 "pH>12.00"）表示。

（5）质量控制与保障。需实施严格的质量控制，每批样品中至少选取 10%（或至少 1 组）。若总数少于 10 个，则全部进行平行双样测定。两次平行测定的允许差异应控制在 0.3 pH 单位以内，以确保数据的可靠性与准确性。

练习思考题

一、选择题

1. 麒麟西瓜种植土壤 pH 值以（ ）为宜。

    A. 3.7~6.8   B. 5~7   C. 5.5~8.6   D. 6.6~9.7

2. 栽培地块不能选择前茬作物为（ ）的地块。

    A. 玉米   B. 豆类   C. 瓜类   D. 百合科作物

3. 麒麟西瓜种植地块一般选择（ ）、能排能灌、集中连片的沙壤土田块。

    A. 土层深厚   B. 土层浅薄   C. 地势忽高忽低   D. 地势高

4. 植物秸秆等废弃物和（或）动物粪便等经发酵腐熟的含碳物料是（ ）。

    A. 混合肥料   B. 有机肥料   C. 微生物肥料   D. 无机肥料

5. 选用市场认可度高的复合肥，该肥料需具备高养分含量，总养分不低于（ ）。

    A. 20%   B. 30%   C. 45%   D. 50%

二、填空题

1. 常用的农家肥有_____、_____、_____等畜禽粪便，每亩地施用量掌握在 5 m³ 左右。

2. 麒麟西瓜基肥不可用 25% 复合肥，应选用总含量在 45% 以上_____、_____、_____型复合肥。

3. 常见整地机械设备类型有_____、_____等。

4. 根据麒麟西瓜生长发育规律，做好_____、_____、_____、_____四个生育时期肥料的增施工作。

5. 麒麟西瓜种植地宜选择_____、_____的沙壤土。

三、判断题

1. 化学消毒虽然对环境有一定影响，在保证高效杀菌的同时，应更加注重对环境的友好性，减少对土壤的残留影响。（ ）

2. 辐射消毒中的射线能够深入土壤内部，破坏微生物的 DNA 结构，从而达到灭菌消毒的目的。（ ）

3. 改良后的毒土法没有减少对土壤环境的污染。（ ）

4. 深翻土壤以优化土层结构，确保土壤深度均匀，可以在夏季进行。（ ）

5.因地制宜地根据土壤肥力状况和作物养分需求规律，适当补充钙、镁、硫、锌、硼等养分。（　　）

四、简答题

1.请简述种植麒麟西瓜的地块选择要求。

2.请简述天然有机肥的种类及作用。

3.请简述土壤消毒的作用。

4.请简述麒麟西瓜全套施肥技术。

五、课后小调研

请课后调查自己家乡周边种植的麒麟西瓜与其他西瓜种植前整地情况，总结两者差异，形成调研报告。

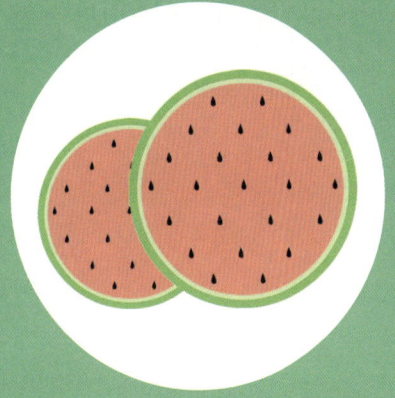

模块三　麒麟西瓜大棚搭建及育苗技术

项目一　麒麟西瓜大棚搭建

🍉 **学习目标**

知识目标

了解麒麟西瓜大棚栽培生长特点,掌握搭建大棚的具体过程。

能力目标

具备布置和搭建大棚的能力,能根据大棚麒麟西瓜生长特点和年限要求,合理搭建大棚。

价值目标

通过学习麒麟西瓜大棚搭建知识,了解设施栽培在我国农业产业中的重要地位,进一步认识大棚搭建技术对麒麟西瓜产量和品质的影响,促进麒麟西瓜产业的繁荣和发展。

任务一　麒麟西瓜大棚搭建

在筹备麒麟西瓜大棚种植之初，细致的前期规划与准备是确保后续种植顺利、高产优质的基石。大棚的构建需遵循科学严谨的原则，选址尤为关键，应倾向于地势高亢、排水顺畅之地，土壤则需疏松且富含养分，以奠定西瓜苗壮成长的自然基础。对于大棚的骨架材料，必须精挑细选，确保结构稳固、整体均衡，为西瓜生长撑起坚实的保护伞。

如图 3-1，搭建大棚时需采用优质钢材作为大棚骨架，依据预设的棚宽与跨度，精确绘制边界线。骨架间采用嵌套连接，底部特制热熔倒钩设计，深入土壤，有效增强抗风能力。大棚规格设定为高度 2 m、宽度 6 m，每隔 80 cm 设置一根棚筋，辅以压膜绳与压膜条加固，确保棚膜稳固，能抵御强风侵袭。顶部增设横拉杆，将拱杆紧密绑定，形成统一整体，确保所有拱杆水平一致，大棚长度灵活调整于 30~40 m 之间，具体尺寸依据当地种植条件而定。

图 3-1　大棚搭建

大棚布局上，可采取南北向建设，两端预留通风门，便于高温季节散热通风。同时，还需合理规划畦面与排水沟，采用错位排列方式布局大棚，即相邻大棚间隔 2~3 m，内部中沟与相邻棚间排水沟交错，以优化排水效率，确保西瓜生长环境的最佳状态。

任务二　麒麟西瓜棚膜覆盖

一、布置滴灌带

如图 3-2，依据瓜苗行数，于每行两侧各 20 cm 铺设滴灌带，环绕幼苗，便于精准灌溉与施肥。铺设完成后，需进行试水测试，确保无渗漏，此过程同步为土壤充分补水，为后续瓜苗移栽提供良好土壤环境。

图 3-2　布置滴灌带

二、棚膜覆盖

如图 3-3，确认滴灌系统无渗漏后，需铺设地膜覆盖整个棚内地面，旨在提升地温并抑制杂草生长。棚顶则选用长寿无滴膜或长寿流滴膜，边缘以泥土紧实固定，多层薄膜覆盖策略能显著缩短西瓜生长周期，利用季节差异创造经济优势。此技术已普及，能有效抵御外界环境波动。相比于传统单层盖膜，多层覆盖不仅能够加速西瓜成熟，更能够全面提升品质、口感与产量，确保西瓜在最佳环境中生长，实现质量与产量的双赢，为种植户增收打下坚实基础。

图 3-3　棚膜覆盖

定植前，需确认土壤温度稳定在 3℃以上。鉴于地温常较气温低 3~5℃，定植后需根据气象灵活调整棚膜层数，以加强保温效果，有效提升地温环境，确保瓜苗稳健扎根成活，进而优化整体成活率，促进作物健康成长。

【课程资源】

棚膜覆盖

项目二　麒麟西瓜育苗技术

学习目标

知识目标

了解苗床育苗的意义和重要性，掌握苗床的种类选择、苗床的温湿度控制以及苗床的搭建，正确操作苗床育苗技术。

能力目标

掌握麒麟西瓜繁殖育苗技术，根据种苗实际情况，充分运用所学的育苗方法和技术；掌握相关药剂的正确使用方法和注意事项，确保麒麟西瓜种苗质量。

价值目标

通过掌握麒麟西瓜苗床育苗技术，提高学生对麒麟西瓜设施种植技术的认识，增强其对麒麟西瓜产业的热爱，培养一批具有专业技能的农业技术人才。

任务一 西瓜生长发育特点

一、西瓜的生长发育特点

西瓜的生命周期涵盖发芽期、幼苗期、伸蔓期、结果期4个阶段，其中结果期细分为初期、盛期与末期。各阶段中，植株形态与生长重心逐步从营养构建转向生殖繁衍，伴随而来的是对温度、光照、水分及养分的独特需求。精准把握各阶段的生理特性与需求变化，是依据其成长规律实施高效管理的关键。

（一）发芽期

自种子萌动至子叶完全展开的初期阶段，被定义为西瓜的发芽期。其时长受温度显著影响，平均为8~10 d，但依据品种差异与季节变换有所变化。在理想的28℃地温与充足水分条件下，仅需3~4 d即可见苗；若地温降至20℃，则出苗期延长至7~10 d。多数品种在低于15℃的环境下难以启动发芽过程。适宜发芽的土壤应维持在约10%的含水量，过低则吸水受限，降低发芽率，过高亦不利于发芽。值得注意的是，种子偏好在暗处发芽，显示其嫌光特性。直至幼苗生长突破心叶，展露真叶之际，标志着发芽期的圆满结束。在此期间，需精细调控苗床温湿度，前期保持较高地温以促进齐苗，后期适度降温以防幼苗过度生长。

（二）幼苗期

幼苗期始于子叶完全展开、真叶初露，直至长出5~6片真叶（团棵阶段），通常持续20~25 d。此阶段根系迅速扩展，主根深入土壤约35 cm，侧根密布于20~30 cm土层，为植株奠定坚实基础。同时花芽分化悄然进行，在日温30℃、夜温16~18℃、日照时长12 h的优化条件下，花芽分化加速，雌花节位低且瓜胎品质优良。反之，高温长日照则会导致雌花节位上升，瓜胎品质下降。幼苗期的精心管理对后续开花坐果及最终产量至关重要。尤其在冬春季节，需克服不利环境，通过提升地温、改良土壤等措施，为幼苗营造最佳生长条件，确保其苗壮成长，为高产打下坚实基础。

（三）伸蔓期

伸蔓期自植株拥有5~6片真叶始，至坐果节位雌花绽放止。此阶段管理需平衡促进与调控，既要加速茎叶繁茂，构建强大的营养体系，又要避免过度生长。通过合理施肥灌溉、结合整枝等手段，可精准调控茎叶生长，确保植株健康成长，为后续的开花结果奠定坚实基础。

（四）结果期

结果期自坐果节位的雌花绽放始，至果实完全成熟并收获止，其时长受品种成熟特性影响。此阶段可细分为结果前期（幼果发育期）、结果中期（快速膨大期）及结果后期（成熟定型期）。

（1）结果前期。标志为雌花开放至幼果膨胀至鸡蛋大小，表面茸毛渐稀。此阶段核心在于促进坐果，通过精细整枝、实施人工授粉等措施，可有效提升坐果率，减少落花落果，为果实发育奠定良好基础。

（2）结果中期。即膨瓜期，幼果"褪毛"后迅速生长，形态基本定型，展现出品种特色。此时，植株生长重心由茎叶转向果实，叶片制造的养分大量向果实转移，推动其快速膨大。此阶段管理关键在于强化肥水管理，确保植株拥有充足的光合作用能力，以支持果实对水分与养分的旺盛需求，促进果实健康发育。

（3）结果后期。果实停止显著膨大，步入成熟阶段，历时 7~10 d。此期植株的根、茎、叶生长趋于停滞，果实则继续积累养分，特别是糖分含量显著增加，果皮色泽越发鲜亮，展现出品种独有的成熟魅力。此阶段的管理应侧重于保持适宜的环境条件，促进果实内部物质的转化与积累，确保果实品质达到最佳状态。

二、品种选择

在现代农业实践中，选用适应性强、表现卓越的品种是提升作物产量与品质的关键策略。优质品种在适宜的栽培环境与技术下，能确保高产、优质且适时上市，其核心价值在于增产增效、品质优化及抗逆性增强。麒麟西瓜因其独特的品种优势备受青睐，选择时应兼顾早熟性、优质性、易栽培性、强抗病力及市场需求。具体考量上，需确保品种能抵御低温胁迫，生长紧凑以减少整枝需求，同时还需耐高温，即便在极端大棚环境下也能稳健生长。此外，理想的麒麟西瓜还应具备风味佳、上市早、果形一致、皮薄肉厚、籽少糖高及高抗病性，以充分满足市场多元化需求。

【课程资源】

西瓜生长发育特点

任务二　麒麟西瓜育苗技术

一、苗床地选择

育苗应在邻近栽培大棚的东西向大棚内进行，优选背风、向阳、地势高且干燥、光照充裕、易于灌溉与排水的地块，以确保移栽便捷、运输顺畅。

二、营养土配制

配制优质营养土是育苗成功的关键，需提前 1 个月精心准备。应选用疏松透气、保水保肥且富含营养的土壤，确保无病虫源。草炭土为优选，若无则可选 3 年以上未植瓜类的无病干燥沙壤土，避免黏重土以防沤根。土壤中需融入腐熟农家肥、复合肥、钙镁磷肥与草木灰，混合均匀并过筛。随后用多菌灵或福尔马林溶液消毒，增施腐熟有机肥、低氮高磷钾复合肥及微生物菌肥，以促进西瓜根系苗壮发展，为幼苗期提供全面均衡的营养支持。

三、育苗钵和穴盘

麒麟西瓜在定植时易伤根，为减少伤根，促进缓苗，培育出壮苗，应有充足的养分供应，因此最好采用营养钵育苗或穴盘育苗。

1. 营养钵：塑料营养钵上口径大、下口径小，规格一般为 8 cm × 8 cm 或 10 cm × 10 cm，钵体底部有个孔可通风透水。塑料营养钵装育苗基质，不仅使用方便，还可重复利用以降低成本。

2. 育苗穴盘：育苗穴盘是目前瓜菜育苗的主要工具，一般由聚苯乙烯等材料制成，标准穴盘尺寸为 540 mm × 280 mm，因孔径大小不同，每个育苗穴盘的孔数也不同。育苗穴盘的穴孔形状有圆形和方形两种，麒麟西瓜育苗通常使用50孔或75孔。

无论是营养钵育苗还是穴盘育苗，都需将前述营养土或专用商品类育苗基质装入营养钵或穴盘待用，装钵时钵内留出 3 cm 高的空间，装穴盘时装入营养土或基质浇水后离盘口 0.5~1 cm，以便播种后覆土。

四、苗床准备

在麒麟西瓜的栽培中，由于不同地区的气候条件和栽培习惯不同，因此育苗床的类型也不同，主要有冷床和温床两个类型。

冷床，亦称阳畦，是一种依赖自然日光增温而非人工加热的育苗设施。其构建简易，维护便捷，在科学管理下能培育出相对健壮的幼苗。然而，受限于外界气候条件，冷床增温效果有限，故不宜用于需提早播种的麒麟西瓜品种，以免延误农时。

相较之下，温床育苗则更为灵活高效。温床不仅可充分利用自然光照，还可辅以人工加热手段，以确保苗床温度适宜。尽管初期投资与管理成本较高，但能有效促进西瓜提前成熟上市，提升经济效益。因此，当前麒麟西瓜多采用温床育苗法，主要包括酿热温床、电热温床及火炕温床等多种形式，以满足市场对早熟西瓜的需求。

酿热温床。这种温床底部铺垫有马、驴、牛等牲畜粪便，作物秸秆，树叶等，使其发酵分解释放出热量，用以提高苗床的温度。这是温床类型中最简单的一种，也是最早在生产上应用的一种。

电热温床。电热温床是在苗床的底部铺设具有一定功率的专用于育苗的电热线（又称地热线），通电后苗床温度提高。利用这种温床育苗时，苗床温度容易控制，已普遍应用于西瓜早春育苗中。

火炕温床。火炕育苗方式是在农村甘薯育苗技术的基础上发展起来的。这种苗床以煤或柴草燃烧供热，热量通过烟道，传到苗床的各个部位。烟道结构合理时，各部位温度均匀，可育出健壮的秧苗。目前，火炕温床建造较少，多采用热风炉加温方式提高苗床的温度。

育苗床的安置是大棚育苗的首要步骤，通常设于大棚中央稍偏一侧，其宽度需灵活调整以适应大棚的实际宽度，便于后续的人工除草作业。长度规划则需综合考虑育苗规模、育苗容器尺寸及电热线布局等因素。确定位置后，挖掘出深 5~10 cm 的床穴，底部需精细整平并踩实，以确保稳固。为提升保温效果，底部先铺设一层废旧薄膜作为隔离层，紧接着覆盖一层约 5 cm 厚的大糠作为隔热材料，务必保持表面平整，避免高低不平影响育苗器摆放及保温性能。在大糠层之上，再铺设一层地膜，随后即可着手布置电热线。

电热温床的构建尤为关键，电热线需按 8~10 cm 的间距均匀铺设于地膜之上，操作过程中需严格遵守规范，禁止剪断、连接、重叠、交叉或扎结电热线，以防短路风险。对于大规模育苗，若需使用多根电热线，则应细致标记每根线的首尾，便于后续接线无误。电热线铺设完毕后，需适度拉紧，避免松弛，同时边行间距可适当缩小，以优化苗床边缘的保温效果。

育苗床安置妥当后，将装满营养土的营养钵或穴盘有序地摆放入苗床，摆放时需确保每根电热线均被育苗器有效覆盖，避免悬空，具体布局可根据苗床大小及育苗量灵活调整，如 1 行 1 根、3 行 2 根或隔行铺设等。营养钵或穴盘的摆放应力求整齐紧凑，减少间隙，以增强保温性能。

苗床土消毒是预防苗期病害的重要环节，针对猝倒病、立枯病、根腐病等常见病害，需采取有效消毒措施。消毒方法多样，一是药剂喷淋法，即在播种前充分浇足底水，待水分完全渗透后，使用普力克600倍液按1~1.5 kg/m² 的用量，或30%恶霉灵1 000倍液按2~3 kg/m² 的用量，均匀喷洒于苗床土表面，待药剂渗透后再行播种。二是药剂拌土法，选用50%多菌灵按8~10 g/m² 的用量，与10~15 kg干细土混合均匀制成药土，播种时先将1/3的药土均匀撒于床面，播种后再将剩余的2/3药土覆盖于种子上方，全面包裹，形成防护层，可有效隔绝病菌侵害。

五、种子处理

播种前夕，精选种子是首要任务，可通过水选法剔除不合格的种子，如秕粒、杂质、虫害及畸形种。在晴朗日子将筛选出的饱满种子晾晒1~2 d，借助光照提升种子的发芽能力与活力，同时还要避免过热灼伤种子。鉴于西瓜种子常携带病菌，未包衣种子在晾晒后需进行严格的消毒处理。具体做法：以55℃温水（热水与冷水比例为1∶2）浸泡种子20~30 min，其间持续搅拌以防高温伤害；待水温降至常温后，再以稀释至800倍的多菌灵溶液浸种30 min，旨在清除种子表面病菌并预防特定病害。此外，还可选择甲霜灵包衣、绿亨一号拌种或福美双、代森锰锌混合拌种等多种方式，每种方法均能有效杀灭种子携带的病菌，为减轻苗期病虫害奠定坚实基础。处理完毕后，将种子置于阴凉干燥处晾干，待其充分干燥后即可播种。

六、催芽播种

播种时机的选定需精确至培育出具有3~4片真叶、苗龄30~35 d的大苗，这可直接依据移栽日期来规划。对于穴盘育苗的备用苗，其播种期则需相应延后7~10 d。播种准备阶段，每200 kg水中融入2 kg 45%的均衡复合肥（氮∶磷∶钾=15∶15∶15），并添加适量70%敌磺钠可湿性粉剂溶液（浓度介于1 000~1 500倍），待肥料充分溶解并混合均匀后，逐一为营养钵或穴盘中的土壤浇水。播种前2 d需确保营养土底水充足，土壤达到饱和状态，并提前通电预热苗床，维持土温在25℃以上，为播种创造最佳条件。播种优选晴朗上午进行，将消毒后的种子经清水搓洗去除表面附着物，沥干后置于30~35℃催芽箱中，约24 h后取出备用。播种时优先选用芽势良好、长度相近的种子，每钵或穴播1粒，剩余种子则视情况每钵增加至2粒或更多，确保胚芽朝下，覆盖薄层细土或疏松营养土，并喷水保湿。随后，在苗床表面覆盖地膜，通过控温仪连接电热线至电源，实现温度自动控制。最后，紧闭大棚，通电加热，静待出苗。需要强调的是，出苗后的充足光照对壮苗培育至关重要，因此浸种催芽前应关注天气预报，力求在晴天出苗，以充分利用自然光照促进棚内温度快速回升。

七、苗床管理

（一）温度管理

麒麟西瓜育苗（图3-4），温度调控策略需精细执行，依据育苗阶段灵活调整。播种至出苗期间，实行全封闭管理，棚膜紧闭，无须通风，维持育苗土温在28~30℃（控温仪设定略低于此上限），以促进快速齐苗与壮苗培育，通常摆籽后48 h内可见出苗迹象。一旦发现20%~40%的瓜苗破土，需立即移除地膜，避免延误导致幼苗拥挤。随后，将控温仪调整至22~24℃，以防幼苗徒长，并每日逐步下调2~3℃，至齐苗期时稳定在15~17℃，同时夜间加强保温，以节约能耗并减少电加温依赖。

图3-4 麒麟西瓜育苗

日间依据天气状况灵活调温，晴天时保持在20~25℃，利用自然光照升温；阴雨低温天，则适度开启电加热，确保瓜苗免受寒害。大风天气需加固棚膜，防风保温。随着真叶展开，逐渐提升温度区间，白天控制在25~28℃，夜间控制在18~20℃，以加速幼苗生长。

定植前10 d起，通过分步骤调低控温仪至12~13℃，并提前5~7 d完全停止加温，转而采用加大通风、延迟盖膜等措施进行低温炼苗，使苗床温度逐步接近外界，增强幼苗的抗逆性，确保移栽后的高成活率。若夜间气温极低，则可适度开启控温仪至12℃左右，平衡炼苗与防冻需求，静待适宜天气进行移栽作业。

（二）水分管理

穴盘育苗中，基质的水分管理至关重要，以防其快速干燥影响幼苗生长。播种前务必确保基质充分湿润，避免因缺水导致出现出苗受阻或弱苗现象。播种后，若基质保持适宜湿度，则无须急于补水；若发现基质偏干影响出苗，则应立即采取补水措施。出苗初期至第一真叶显现间，应谨慎浇水，以减少病害风险。仅有基质表面显著干燥时，以细雾喷洒方式适量补水，保持苗床湿度均衡。

随着真叶展开，基质水分需求增加，此时可采用软管灌溉，给予充足水分并辅以稀薄肥料（如 0.5% 磷酸二铵溶液），促进幼苗健壮生长。但此后应控制水分，避免过度灌溉，保持土壤适度干燥以促进根系发育。移栽前 3~4 周，需进一步减少浇水，促使幼苗适应干旱环境，增强抗逆性。

补水时，应选择晴天中午进行，并注意水温与棚内气温的协调，避免温差过大造成幼苗应激。可通过提前将冷水置于棚内预热，或适量添加热水调至接近棚温（20~22℃），再行喷洒。补水后务必等待叶面自然风干后再关闭棚膜，以减少湿度过大引发的病害风险。

（三）光照管理

苗床光照优化策略。应选用新膜，勤保洁，提升透光效能。出苗后应适时揭盖棚膜，延长并增强光照，促进幼苗苗壮。遇连续阴雨转晴时，需防范"闪苗"风险，可采取渐进式揭膜法，让幼苗由弱光至强光逐步适应，或于晨初即揭膜，让幼苗温和过渡，避免强光直射导致的不适应及损伤。

（四）人工摘帽

出苗期部分幼苗常出现"带帽"现象，即种子壳未脱落。这多为播种浅、覆土干松或操作不当所致。处理时宜选晴天上午、棚内未通风的时段，此时种壳湿度适中，易于轻柔摘除，避免伤害子叶。切记，种壳干燥时摘除难度大且易伤苗。

（五）强化苗期病虫防控

在农业管理中，优化光照与湿度调控，结合物理与化学手段，是培育健壮幼苗、预防病害与虫害的关键。针对电热线加温可能导致棚内湿度过高的问题，可采取地膜全覆盖表土策略，有效抑制水分蒸发。同时，精准控制浇水量，避免床土过湿，并注重通风换气，即便在恶劣天气下，也应利用中午短暂时间通风，以平衡温湿度，遏制病害滋生。

在光照不足的长阴雨天，应增设白炽灯作为光源补充，或采用烟熏剂熏蒸以降低棚内湿度，双管齐下增强幼苗抵抗力。针对立枯病与猝倒病等真菌性病害，可采用 50% 多菌灵、30% 恶霉灵或普力克等药剂，按推荐浓度喷洒；针对猝倒病，需确保药液能渗透至茎基部；对于其他叶部病害，安泰生是有效的防治选择。

此外，预防沤根需关注地温、土壤质地与水分管理。提升地温，减少化肥过量使用，并辅以叶面肥与磷酸二氢钾，可促进根系健康发育。针对地下害虫如蝼蛄、金针虫、地老虎，应提前布局，使用辛硫磷或敌百虫进行预防。一旦发现虫害，则应及时于傍晚时分，对苗床下方土壤喷洒氯氰菊酯，确保在幼虫活动高峰期有效控制虫害，保障幼苗安全生长。

【课程资源】

麒麟西瓜育苗技术

任务三　麒麟西瓜定植技术

一、定植期

瓜苗长至 4~5 片真叶时适宜定植，具体应依据棚室保温性能确定。晴朗无风日，棚内 10 cm 地温超过 15℃，且夜间最低温不低于 5℃，满足以上条件时为安全定植时机。

二、整地、施肥、作畦

麒麟西瓜栽培需精细整地，因密度高施基肥尤为关键。宜选高产肥料方案，以足量有机肥为主基肥，辅以适量复合肥。对于中等肥力田块，建议每亩施用优质有机肥 4 000~5 000 kg，搭配 40~50 kg 的三元复合肥，确保全程养分充足。有机肥要充分腐熟，不能施用含氯的化肥，饼肥以豆饼为最好。有机肥可集中施入瓜行底部，或在整个棚室内撒施，而化肥多集中施用。

三、定植方法

图 3-5　麒麟西瓜定植

如图 3-5，麒麟西瓜定植前夜需确保营养钵或穴盘充分浸润水分，随后铺设地膜。依据预设株距，于地膜上精确挖掘深 10~12 cm 的定植穴，并充足浇水。轻柔地从苗床取出瓜苗，剥离其外部营养钵或穴盘，细心植入穴中，确保土坨与畦面持平或微露，稳固瓜苗并均匀回填土壤，轻压实以防空隙。栽后立即浇灌定根水，并融入生物菌肥，助力根系快速生长。完成后，严密封穴，封闭棚室以提升温度，维持棚内约 30℃ 恒温环境，利于苗期发育。5~7 d 内，瓜苗将逐渐生根成活，其间需密切关注成活状况，及时补植缺苗，并依据天气条件通过滴灌系统适量补水，避免过度灌溉影响生长。

【课程资源】

麒麟西瓜定植技术

项目三　实训

学习目标

知识目标

能操作麒麟西瓜苗床育苗技术和自根苗麒麟西瓜早熟栽培技术。

能力目标

通过学习，掌握麒麟西瓜苗床育苗技术和自根苗麒麟西瓜早熟栽培技术的操作要领，具备独立完成这两种技术操作的能力，并能根据实际情况进行相应的技术创新。

价值目标

通过麒麟西瓜苗床育苗技术和自根苗麒麟西瓜早熟栽培技术的推广与应用，提高麒麟西瓜的产量和品质，促进农民增收，推动我国麒麟西瓜产业的技术创新和产业结构优化升级。

实训一　麒麟西瓜温床育苗技术

温床育苗是一种常用的园艺栽培技术，能够提供适宜的温度和湿度条件，促进种子发芽和幼苗生长。

一、温度控制

温床的理想温度范围通常为 20~25℃，要根据不同种类的植物进行调整。温度过高会导致幼苗生长过旺、易倒伏，温度过低则会抑制幼苗生长。

（1）温床应当安装恒温系统，保持稳定的温度。通常采用电热传导方式加热，可根据需要调整供热功率。

（2）正常情况下，温床的温度应保持在白天高于夜晚的水平，符合植物生长的自然规律。

二、湿度控制

（1）温床中的湿度要适宜，过高会导致病菌滋生，过低则容易使幼苗失水、枯萎。一般来说，湿度控制在 60%~70% 之间为宜。

（2）可通过温湿度计监测和调整湿度，需要时可在温床中增加水分或者使用抽湿设备降低湿度。

（3）合理保持通风，能够减轻湿度，防止病虫害的发生。

三、土壤选择

（1）温床育苗一般选用肥沃的栽培土，土壤 pH 值应在 5.5~7.0，适宜植物生长。

（2）在温床中，可选用发泡腐殖土、蛭石土等，这些土壤保水性好、透气性强，有利于根系生长。

（3）为防止因土壤传播病害，要定期更换温床土壤。

四、种子处理

（1）种子在播种前应进行处理，以提高发芽率和幼苗的存活率。

（2）一般的处理方法有浸种处理、温水处理、光照处理等。不同植物种类所需的处理方法不同，要根据具体情况进行处理。

（3）种子的质量对幼苗的生长发育至关重要，要选择无病虫害、无杂质的优质种子。

五、定期检查和管理

（1）温床育苗过程中，要定期检查温度、湿度和光照等环境参数，及时调整，保持适宜的生长条件。

（2）对于有病虫害的幼苗，要及时采取防治措施，防止病虫害传播。

（3）必要时进行适量的追肥，补充植物所需的养分。

温床育苗技术要点主要包括温度控制、湿度控制、土壤选择、种子处理以及定期检查和管理。通过合理控制环境条件和种子处理，能够有效地促进种子的发芽和幼苗的生长。同时，还应定期巡查管理，及时发现并应对潜在问题，确保幼苗的健康生长。

实训二　麒麟西瓜早熟栽培技术

一、技术目标

本实训精练了麒麟西瓜早熟栽培技术，旨在契合市场需求，实现品质优、早熟且产量稳定的种植目标。

二、实验设计

该技术依托拱棚与全覆盖地膜，构建一棚双行、对向攀爬的高效种植体系，融合地块精选、水肥精准管理、双蔓整枝技术及绿色防控策略，形成了一套环保型、高品质、高附加值的综合生产销售新模式。

（一）种子选择与处理

选用知名厂商培育的优质麒麟西瓜品种（如美都系列），播种前执行严格筛选流程，剔除杂质、弱种及霉变籽粒，确保种子品质。播前将种子于阳光下暴晒 3 d，以增强发芽活力。包衣种子可直接播种，非包衣种则先以 55℃温水（种子量 5~6 倍）浸种 30 min 消毒，自然降温后拌以适量咯菌腈种衣剂（1 kg 种用 4~6 mL），充分拌匀后晾干，准备播种。

（二）播种育苗

在麒麟西瓜的早熟栽培中，播种环节至关重要。鉴于自根苗对种苗品质的严苛要求及早春大苗移栽的特定需求，采用穴盘基质育苗法，并推荐在具备条件的集约化育苗基地进行统一管理。选用规格为 6 cm × 6 cm、32 孔的穴盘，自制育苗基质，科学配比草炭、蛭石与珍珠岩（2：1：1），并融入 15 kg/m³ 生物有机肥，确保基质含水量维持在 50%~60% 之间。播种时间锁定于每年 1 月底至 2 月初的晴朗上午，播种前需充分灌足底水，播种后迅速覆盖基质至 1.0~1.5 cm 厚度，随即搭建小拱棚并覆盖薄膜以保温保湿。

关于温湿度调控，出苗前需保持棚内日间约 28℃、夜间约 20℃的恒温环境。一旦齐苗，则应适当降温，日间控制在 22~25℃，夜间不低于 12℃，同时增加通风频次至每日 1~2 次，每次持续 2~4 min，以调节湿度，使土壤相对含水量稳定在 80% 左右，实现表土干湿交替，促进壮苗形成。

进入炼苗阶段，定植前 1 周起，利用晴天中午逐步开启通风，随着外界气温升高逐步增大通风量，维持棚温不低于 15℃，待幼苗真叶达 7~8 片，且早春苗龄达到

35~40 d 时，即可进行定植作业，确保西瓜苗健壮且适应移栽环境。

（三）作畦扣棚

选用近 7 年未植瓜类作物的棚室，提前 15 d 深翻土壤 2 次，规划 3 m 行距开沟施肥，沟宽深适中，施足腐熟鸡粪与复合肥。定植前 10 d 搭外膜增温，膜薄且韧。提前 5 d 铺设滴灌系统，覆盖透明地膜并打孔定植，株行距精确设定以促进双向生长。定植后，于拱棚内增设小拱棚，覆盖轻薄膜，双侧加固，营造适宜生长环境。

（四）定植

3 月中上旬，优选晴日上午定植麒麟西瓜，此时土温超过 12℃，利于瓜苗成活。依瓜型调整密度，精选壮苗并紧实培土。定植后立即滴灌充足水分，确保土壤湿润，促进根系快速生长。

（五）田间管理

1. 温度管理

定植初期 10 d 内，重点保温，缓苗后逐渐通风。苗期维持日温 25~28℃，夜温不低于 12℃。坐果期随气温回暖，增大通风量。西瓜膨大至成熟期，日温控于33℃左右，夜温 15~20℃。若外界持续高温 7 d，则应撤除小拱棚，以增加通风量，降低棚温至 25~30℃，确保西瓜健康生长，提升果实品质。

2. 水肥一体化管理

（1）滴灌技术实施过程中，条件受限时可灵活采用简化滴灌系统，确保灌溉深度至少穿透土壤 30 cm。操作时应遵循少量多次原则，灌溉前关闭施肥装置阀门，全开滴灌系统支管阀。施肥前，将预设量肥料溶解、过滤后注入施肥器，先以清水预滴 10 min，随后进行肥水混合滴灌，浓度维持在 0.2%~0.5% 之间。施肥完成后，再滴清水 10 min 清洗管道，防止堵塞。灌溉作业完成后，先切断水源，随即关闭控制阀。

（2）肥水管理策略精细化。定植初期 1 周内进行首次微量水滴灌，每亩8~14 m³，助力瓜苗缓苗。伸蔓阶段，每 7 d 滴灌 1 次，水量增至 10~12 m³，瓜蔓达40 cm 时追加氮磷钾水溶肥（氮∶磷∶钾=28∶6∶16），辅以中微量元素肥各 1 kg。开花期需控水以防徒长，坐果后（果径约 3 cm）再次滴肥，中微量元素同伸蔓期。膨瓜期则频繁滴灌，每 3~4 d 1 次，交替施肥，重点施用高钾水溶肥（$K_2O \geq 28\%$），每亩总量控制在 12~15 kg，钾肥最高不超过 6 kg。采收前 1 周停止所有灌溉与施肥作业，以确保西瓜的品质与口感。

（3）植株调整。为保障高产，实施双蔓整枝法，主蔓达60 cm时于3~5节间摘心，保留主蔓及一强健子蔓，并选定形态端正幼果一枚，同时剔除多余侧蔓，优化养分分配，促进果实发育。

（4）授粉。优选第三雌花留果，鉴于西瓜自授粉效率有限，需于雌花绽放后实施人工授粉。每日上午8~10时，精选活力充沛的雄花，轻取其花粉均匀点涂于雌花柱头，确保授粉均匀。同时，还需对每朵授粉雌花作明确标记，以保果形端正。

（5）果实管理。坐果15~20 d后，翻转果实，使原接触地面之面朝上，确保果皮色泽鲜亮。果实稳固后，剪除老弱病枝叶，增强通风与光照，促果实健康生长。

（六）病害防治

采用物理与农业措施，如布设防虫网、驱虫灯及粘虫板，调控棚室湿度防湿热，预防病虫害。选择7年未种瓜地块，避免枯萎病。一旦发现病株则立即拔除补种。化学防治上，种子包衣防初侵染，伸蔓至膨瓜期适时施药。枯萎病用多菌灵灌根，蔓枯病、白粉病施苯甲嘧菌酯，炭疽病则用苯醚甲环唑·吡唑醚菌酯，均按推荐剂量喷施1~2次，确保安全间隔期，有效控制病害，保障西瓜健康生长。

练习思考题

一、选择题

1. 在每行瓜苗（　　）处各铺设一条滴灌带，环抱瓜苗，便于后期施水施肥。

　　A. 左右 20 cm　　　　B. 左 30 cm　　　　C. 前后 20 cm　　　　D. 前后 30 cm

2. 温床的理想温度范围通常为（　　）。

　　A. 15~18℃　　　　B. 20~25℃　　　　C. 25~28℃　　　　D. 30~35℃

3. 从子叶完全展开、真叶初露，直至长出（　　）真叶，这一阶段为幼苗期。

　　A.5~6 片　　　　B.3~4 片　　　　C.2~3 片　　　　D.7~9 片

4. 果实停止膨大趋于成熟为结果后期，一般需要（　　）。

　　A.3~5 d　　　　B.5~7 d　　　　C.7~10 d　　　　D.12~15 d

5. 做好营养土配制，需提前（　　）堆制。

　　A.1 个月　　　　B.3 个月　　　　C.6 个月　　　　D.12 个月

二、填空题

1. 西瓜一生的生长发育过程包括_____、_____、_____、_____四个阶段；结果期又可分为_____、_____、_____。

2. 结果后期主要特征是_____。

3. 育苗床的类型有_____、_____。

4. 常见的种子处理方法有_____、_____、_____。

5. 在病虫害防治过程中，为避免枯萎病，应选_____。

三、判断题

1. 定植时应确保土壤内温度为 10℃，一般地温比气温高 3~5℃。（　　）

2. 发芽期的长短主要与温度有关，正常情况下此期为 10~18 d。（　　）

3. 种子具有嫌光性，即种子喜欢在黑暗条件下发芽。（　　）

4. 幼苗期管理重点是多浇水施肥、疏松土壤等，使幼苗长得健壮、敦实。（　　）

5. 结果前期栽培管理的重点是保证营养和水分的充足供应，促进果实膨大。（　　）

四、简答题

1. 请简述西瓜发芽期受哪些条件影响。

2. 请简述如何选择麒麟西瓜品种。

3. 请简述麒麟西瓜苗床管理包括哪些。

4. 请简述如何搭建麒麟瓜大棚。

5. 请简述麒麟西瓜如何确定定植时机。

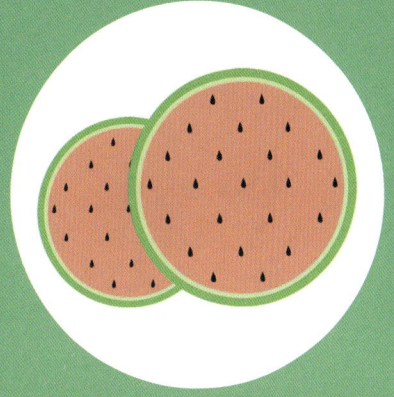

模块四　麒麟西瓜田间管理技术

项目一　麒麟西瓜对环境条件的要求

🍉 **学习目标**

知识目标

掌握麒麟西瓜栽植时的空气温度和土壤温度要求、栽植时间、栽植密度要求、栽植原则。

能力目标

具备分析麒麟西瓜生长环境的能力，能根据实际情况制定合适的栽植方案；掌握麒麟西瓜栽植过程中的关键技术，能独立完成栽植工作；具备解决麒麟西瓜生长过程中问题的能力，确保其产量和质量的提升。

价值目标

通过学习麒麟西瓜栽植技术，提高学生综合素养，为农村经济发展贡献力量。

任务一　麒麟西瓜温湿度管理

一、温度管理

瓜苗定植后 5~7 d 内应注意提高地温，促进缓苗。定植后要立即封严大棚棚室，盖好塑料薄膜，使大棚内白天温度保持在 32~35℃，夜间最低地温不低于 15℃。有小拱棚覆盖的，定植后要立即覆盖小拱棚，夜间还可加盖草苫。为进一步提高保温效果，大拱棚麒麟西瓜早春栽培时可采取五膜覆盖的方式，即地膜、小拱棚膜（两层小拱棚）、天幕膜、大棚膜。日出后，待气温至 10℃ 则移除草苫，至 20℃ 则掀开小拱棚膜。日落前，随室温下降，先覆小拱棚膜，再盖草苫保温。幼苗适应后适时通风调温，白天温度维持在 20~30℃，避免超过 32℃，夜间不低于 15℃。若遇高温，则增设防晒网以遮光降温，确保麒麟西瓜苗健康生长。

缓苗期如遇连阴天或寒流天气，温度偏低时，为防止幼苗受低温危害，应注意增加覆盖，如加厚覆盖物厚度，或在小拱棚上增加一层草苫，或夜间在小拱棚上加盖一层塑料薄膜，大棚外底部可以围盖草苫等。如遇下雨天气，大棚上覆盖草苫后，还可在草苫上再覆盖薄膜，防止草苫被雨淋湿而影响保温效果。当棚内温度上升到 32℃，且仍有上升的趋势时，要在棚顶部进行少量通风，使温度控制在 35℃ 以下（图 4-1）。

图 4-1　大棚控温通风

大棚麒麟西瓜的盛花期需确保光照充裕与夜温适宜，人工授粉后尤忌夜温骤降，以防落果与果实发育不良。当外界温度突破 18℃ 时，需强化通风策略，确保棚内日间温度稳定在 30℃ 以下，避免极端温差与高温环境。坐果期前后，适度提升管理温度，促进坐果稳固与果实初期膨大。进入果实快速膨大至成熟期时，维持棚内温度在 25~32℃，夜间则保持在 15~20℃，确保最佳生长条件，避免极端温度对花果的不利影响。

面对越夏高温挑战时，管理重心应转向根系与藤蔓的保健，通过合理控制坐果数量来减轻植株负担，同时增强大棚的通风降温能力，采用遮阳网、旧棚膜覆盖及棚顶开孔等措施，结合畦面覆盖物，为根系提供良好环境。灌溉策略上，宜秉持多次少量、淡肥勤施的原则，优选傍晚或清晨时段滴灌，并结合叶面追肥，如0.2%~0.3%磷酸二氢钾，以叶面喷施方式补充养分，同时兼顾病虫害防治，确保麒麟西瓜在高温季节依然能够保持高产优质，避免早衰现象的发生。

二、湿度管理

西瓜大棚环境相对封闭，空气流通受限，湿度受棚内温度、土壤湿度双重影响，变化显著。气温上升时，湿度相应下降；反之，气温降低则湿度攀升。天气状况亦是关键因素，晴朗或多风日湿度较低，阴雨连绵时则湿度骤增。日间通风能有效降低棚内湿度，但傍晚关闭风口后，随着夜间温度下降，湿度迅速回升，至次日日出前达顶峰，常超过90%，边缘区域甚至接近饱和。此外，土壤湿度亦对棚内空气湿度有直接影响，通过控制灌溉量可间接调节。铺设地膜是初期降低湿度的有效手段，抑制了土壤水分蒸发，减少了前期灌溉需求。然而，西瓜生长中后期，叶片蒸腾作用显著增强，此时需依赖加强通风换气来排湿，确保棚内湿度维持在适宜西瓜生长的范围内，即白天在55%~65%、夜间在75%~85%，以促进其健康发育。

麒麟西瓜生长初期，大棚内空气湿度相对偏低，但伴随植株生长越发茂密，蒸腾作用加剧，加之灌溉量增加，棚内湿度逐渐上升。为优化生长环境，减少病害风险，建议在晴朗天气适当延长通风时间，强化换气效果，以有效降低棚内湿度。

【课程资源】

温湿度管理

任务二 麒麟西瓜光照调节

麒麟西瓜的栽培对光照有着严格的需求，特别是在大棚环境中，多层棚膜若附着露珠或积尘，将显著降低透光度。因此，保持棚膜清洁与选用高透光性材料至关重要。光照主要源自棚顶直射光与侧面散射光，加之生长初期地面薄膜的反光作用，共同构成棚内光照体系。为确保光照充足，需确保棚顶及两侧无阻挡，同时精细整枝，及时去除多余枝杈与顶端，优化光照分布。

在麒麟西瓜盛花期，需特别注重光照与夜温管理，充足光照搭配适宜高温夜温，是保障授粉成功与果实膨大的关键。夜温过低易引发落果，影响品质。当气温超过18℃时，需增强通风，调控棚内日温低于30℃，以防温差过大及高温损害。膨瓜期至成熟期，过大温差与高温均会劣化果肉品质，地膜覆盖则能有效调控棚内湿度，维持日湿在60%~70%、夜湿在80%~90%的理想范围。随着生长推进，虽前期棚内湿度较低，但植株茂密后蒸腾作用加剧，湿度会有所提升。此时通过晴日延迟闭棚、强化通风，可显著降低湿度，预防病害，为麒麟西瓜的优质高产创造良好环境。

【课程资源】

光照调节

项目二　麒麟西瓜田间管理技术

🍉 **学习目标**

知识目标

掌握麒麟西瓜各生长阶段植株调整及人工授粉技术；根据灌水与降雨量合理调整灌水次数和灌水量、合理操作肥水技术。

能力目标

能熟练掌握麒麟西瓜各生长阶段的植株调整及人工授粉要求，根据降雨情况灵活调整灌水次数和灌水量，确保麒麟西瓜的生长需求得到满足。

价值目标

合理利用水资源，降低农业生产成本，提高农业效益，通过麒麟西瓜灌水与排水技术的推广，助力我国农业现代化进程。

任务一　麒麟西瓜肥水管理

一、水分管理

大棚内种植的西瓜相较于露天环境种植，其耗水量显著增加，但灌溉管理需精细控制，避免过量。缓苗期后，应依据土壤干湿状况灵活灌溉，适度干燥有利于根系发育与瓜秧强壮。整个生长期内，土壤湿度管理应依生长阶段灵活调整。初期至伸蔓前，瓜苗蓄水能力弱，叶面蒸腾弱，宜采取少量多次的灌溉策略，以促进根系稳健生长。进入伸蔓与果实快速膨大阶段后，则需加大灌溉力度，通过增加频次与延长灌溉时间，维持适量水分，以最大化利用水资源，同时满足植株旺盛的生长需求。

施肥亦需与生长周期相匹配，伸蔓期起即应确保养分充足。开花坐果阶段则应暂停滴水以抑制徒长，促进坐果稳定。待幼瓜如鸡蛋般大小，标志着膨瓜期的到来，此时需恢复并维持充足水分供应，每 3~4 d 滴水 1 次，促进果实膨大，但需警惕过量肥水以致裂果。至西瓜成熟阶段，水分需求减少，应相应缩减灌水量，并在采收前 10 d 完全停止浇水，以确保果实品质与采收后的耐贮性。

二、肥料管理

坐瓜前，若植株繁盛、茎壮叶茂、色泽浓绿，则无须额外施肥。一旦坐瓜节位雌花子房达绿豆大小，则每亩适时施用 48% 三元复合肥 5 kg。随瓜体增长至 2~3 kg，每亩追加膨果肥 20 kg 与硫酸钾 5~10 kg，溶于 100 kg 水，滴灌施入，后续视情补肥。西瓜定形后，应喷施 0.3% 磷酸二氢钾叶面肥，以促果实品质。首批瓜采前 10 d，每亩以 48% 三元复合肥 15 kg 兑水 100 kg 滴灌施肥。此后每次采前及幼瓜膨大期均按此方式施肥，并每亩增施 20 kg 三元复合肥，助力果实持续生长。

【课程资源】

肥水管理

任务二　麒麟西瓜植株调整

子蔓出现后，应及时进行藤蔓管理，引导主蔓向右前、子蔓向左后倾斜生长，最佳操作时间为下午，以防损伤茸毛及花朵。当主蔓长约 60 cm 时，应实施一主二侧的三蔓整枝策略，精选保留主蔓及两条健壮子蔓，适时剪除或摘除其余细弱子蔓，每 3~4 d 调整 1 次，直至每株定形。亦可采用两蔓整枝法，保留主蔓与一健壮子蔓，促进养分高效分配。藤蔓长至 50~60 cm 时，再次整理，确保藤蔓与叶片分布均匀，减少相互遮蔽。坐果后，除非枝叶过于繁茂影响结瓜，否则一般不再整枝。必要时可适度修剪坐果节前的侧枝，维持良好通风透光环境（图 4-2）。

图 4-2　植株调整

【课程资源】

植株调整

任务三　麒麟西瓜人工授粉

在麒麟西瓜的大棚栽培中，鉴于棚内自然授粉的昆虫稀缺，为确保果实重量与形态理想，实施人工辅助授粉至关重要。授粉作业优选晴朗日子的上午 8~10 时，此时间段内花粉活性最佳。如遇阴天，雄花散粉延迟，则可适当调整时间或采取预处理措施，于前日傍晚采集次日将绽的雄花，存放于室内温暖干燥处，促进其按时开花散粉，次日早上用于授粉。

人工授粉精细操作：轻摘新鲜开放的雄花，剥除花瓣，暴露雄蕊，轻柔地以雄蕊触碰雌花柱头，实现授粉。此过程中，一朵雄花足以惠及 3~4 朵雌花，若采用多朵雄花混合授粉同一雌花，效果更佳。为便于管理，主蔓与子蔓应各授 1 朵，并对未授粉雌花作显著标记。授粉后，即刻标注，并于后续管理中摘除主蔓首朵雌花，以促进养分集中供给后续果实。

授粉后 1~2 d，瓜胎显著膨大，幼瓜长至鸡蛋大小时进入疏果阶段，应精选符合品种特性的健康幼瓜，保留纹理清晰、形态匀称者，剔除畸形与病弱瓜，确保留瓜时机得当，既不过早导致果实发育不良，也不过晚延误上市。最终，保留选定幼瓜前 6~7 片功能叶，实施打顶，以优化植株营养分配，助力西瓜优质高产。

【课程资源】

人工授粉

项目三 实训

知识目标

能操作麒麟西瓜花粉长期保存、授粉技术和测土配肥。

能力目标

掌握麒麟西瓜花粉长期保存、授粉和测土配肥技术的操作要领，具备独立完成技术操作的能力，并能根据实际情况进行相应的技术创新。

价值目标

通过学习，使学生明白精确的花粉保存、授粉和合理的测土配肥是对农作物负责、对消费者负责的体现，引导其增强严谨的科学态度。

实训一 麒麟西瓜花粉长期保存与授粉技术

西瓜花粉在自然条件下，其活力会随时间迅速衰减，尤其是在高湿高温环境中，其存续时间更是大为缩短。尽管低温与适度干燥条件能稍许延长其生命力，但效力有限。传统利用有机溶剂如乙酸乙酯在特定低温下（如 –20℃）存储花粉的方式，虽能保持其一定活力，但后续提取、干燥及授粉操作复杂且困难重重。

针对浙江省温岭市这一"大棚西瓜之乡"在早熟栽培中常遇的低温、阴雨挑战，特别是影响雄花开放与花粉质量的极端天气问题，研究团队创新性地探索出一套低温真空保存西瓜花粉的技术解决方案。该技术不仅突破了西瓜花粉难以长期保存的技术瓶颈，还显著提升了花粉在早熟栽培中的坐果率与授粉效果，最终获得国家发明专利。

与国际同类技术相比，该技术具有成本更低、保存期限更长、花粉活力保持能力更优的特点。实验数据表明，经此方法保存的西瓜花粉，在长达 186~223 d 的储存期内，其活力仍能稳定维持在 50%~61.5% 的高水平，为设施西瓜的高产稳收提供了坚实的技术支撑。

西瓜花粉的长期高效保存与精准授粉技术流程涵盖了从采集到田间应用的多个精细步骤，旨在克服自然条件下花粉易失活及授粉的难题，确保西瓜早熟栽培的高产优质。

一、采集与初步处理

清晨至上午时段，于西瓜田间精心挑选新鲜绽放的雄花，迅速装入手提冷藏设备，以保持其初始活力。随后，于室内环境（约25℃）中，将雄花均匀铺展，轻柔晾置约 2 h，进行自然干燥，以去除多余水分而不伤及其珍贵花粉。

二、花粉收集的解决方案

鉴于西瓜花粉的高黏性特性，采用振动过筛法：细致剪取雄蕊，置于特制细筛（如 16 目）上，通过轻微振动促使花粉自然散落至下方铺设的干净包装纸或专用容器中，有效分离并收集纯净花粉。

三、真空包装与低温预存

收集后的花粉被精确称量（每包 0.1~0.2 g），随即使用防湿包装纸包裹，并密封于铝箔袋内；通过真空包装机严格抽除袋内空气，确保密封性；此后在4℃条件下进行 1 h 的预冷处理，为后续低温保存做准备。

四、低温保存与活力监测

预先设定保存设备（如冰柜或冰箱）至 $-25 \sim -20$℃的超低温环境，将预冷后的花粉稳妥放入，并尽量减少设备开启次数以维持稳定低温。为持续跟踪花粉状态，每月应采用 TTC 染色法进行活力检测，确保花粉质量。

五、授粉前活化与田间应用

授粉前夕，将低温保存的花粉取出，置于 $10 \sim 30$℃室温下静置约 30 min，以温和方式激活其生命力。选择晴朗上午，待雌花开放时，迅速使用软毛笔将活化后的花粉均匀涂抹于雌花柱头上，并及时标记，确保授粉操作在 20 min 内完成，且每朵雌花仅接收 1 朵雄花的花粉量，以保证授粉精度。

此套西瓜花粉长期保存与授粉技术的实施，不仅彻底摒弃了对化学坐瓜灵的依赖，还显著提升了坐果率，减少了畸形果、空心果及裂果的产生。更重要的是，所结西瓜果实形态完美，瓤色均匀，种子饱满，中心可溶性固形物含量显著增加，果实品质全面优于以传统方法种植者，此法为西瓜的早熟栽培与优质生产开辟了新路径。

实训二　测土配肥

在农业生产的广阔天地中，土壤作为农作物生长的基石，其重要性不言而喻。作物健康生长与高产丰收的秘诀，很大程度上蕴藏于脚下的这片土地之中。土壤这个自然界的宝库，蕴藏着丰富多样的营养元素，它们以不同的形式和比例存在，共同支撑起作物的生命循环。这些元素大致可划分为大量元素、中量元素与微量元素3大类，每一类都在作物的生长发育过程中扮演着不可或缺的角色。

一、土壤中的元素

大量元素：氮、磷、钾在土壤中的相对含量虽非最高，但作物吸收利用频繁且量大，故被冠以"大量元素"之称。氮元素是构成蛋白质、核酸等生命物质的基础，对作物的生长速度、叶片色泽及光合作用效率影响深远；磷与作物的根系发育、花果形成及抗逆性紧密相连；钾则对提升作物品质、增强抗逆性及促进光合作用产物的运输与积累具有不可替代的作用。

中量元素：如硅、硫、钙、镁等，这些元素在土壤中的自然储量较为丰富，但作物对其需求量相对较少，这并不意味着它们可以被忽视。例如，硅能增强作物的抗倒伏能力，硫是蛋白质合成的关键成分，铁对叶绿素的合成至关重要，钙则直接关系到细胞壁的稳定性和果实的硬度。

微量元素：如铜、硼、铁、锰、锌、铝等，它们在土壤中的含量极低，且作物需求量同样微小，但"微量"并不等同于"不重要"。这些元素往往以"催化剂"或"调节剂"的身份，参与作物体内多种酶促反应和代谢过程，对作物的正常生长发育具有至关重要的影响。

二、测土配方施肥

面对土壤养分的复杂性与作物需求的多样性，如何精准高效地管理土壤肥力成为现代农业亟须解决的问题。在此背景下，测土配方施肥技术应运而生，如同一座桥梁，将作物、土壤与肥料三者紧密相连，为科学施肥提供了有力支撑。

测土配方施肥，顾名思义，即首先通过土壤测试，了解土壤的养分状况；其次根据作物的需肥特性和土壤的供肥能力，科学制定肥料配方；最后按照配方指导农户精准施肥。这一技术体系不仅涵盖了测土、配方、施肥三个关键环节，还强调以有机肥为基础，注重有机与无机的结合，力求实现养分的平衡供给与作物的健康生长。其优势如下。

（一）节能减排

传统施肥方式存在盲目性和过量性，易导致大量肥料流失，不仅浪费资源，还加剧了环境污染。测土配方施肥通过精准施肥，减少了肥料投入，从而降低了能源消耗和温室气体排放。

（二）增产增效

通过科学配方施肥，作物能够获得更加均衡、充足的养分供应，进而实现增产增收。据统计，相较于传统施肥方式，测土配方施肥可使粮食作物增产5%以上、经济作物增产10%以上。

（三）节本增收

在减少肥料用量的同时，测土配方施肥还能有效提高肥料的利用率，降低生产成本。此外，由于作物品质的提升和产量的增加，农户的经济收益也将得到显著提升。

（四）改善环境

通过提高肥料利用率，测土配方施肥减少了养分的流失和浪费，有效减轻了养分对水体、大气和土壤的污染。同时，它还促进了土壤结构的改善和肥力的提升，为农业的可持续发展奠定了坚实基础。

（五）防治病害

许多作物病害的发生与养分不平衡密切相关。测土配方施肥通过合理补充作物所需的各类营养元素，增强了作物的抗逆性和免疫力，从而有效降低了病害的发生率。

（六）提升品质

科学合理的施肥方式能够改善作物的内在品质和外观性状。例如，减少氮肥的施用可以降低蔬菜中的硝酸盐含量；合理补充钾肥和中微量元素则能改善水果的糖酸比和色泽光泽度等。

三、在麒麟西瓜种植中的应用

麒麟西瓜作为一种广受欢迎的水果作物，其种植过程中的施肥管理尤为关键。测土配方施肥技术在麒麟西瓜种植中的应用，不仅提升了肥料的利用率和产量水平，还显著改善了西瓜的品质和市场竞争力。

（一）提高肥料利用率

针对当前肥料利用率普遍偏低的现状，测土配方施肥通过精准确定施肥量和肥料配比，有效提高了肥料的利用率。这不仅减少了肥料的浪费和流失，还降低了生产成本和环境压力。

（二）实现降本增效

在麒麟西瓜种植中推广测土配方施肥技术，能够有效控制化肥的投入量及其比例，从而在保证产量的同时降低生产成本。

（三）经济效益显著

测土配方施肥技术在麒麟西瓜种植中表现出了显著的增产增收效果。无论是通过调整肥料配比实现增产还是减少肥料用量保持产量稳定甚至略有提升，都体现了该技术的经济价值。由于西瓜品质的提升和市场认可度的提高，农户的经济收益也将得到显著提升。

此外，测土配方施肥还能增加土壤肥力，使田间生态更加平衡，协调养分，防治病害以及合理分配有限肥源等。这些优势共同作用于麒麟西瓜的种植过程中，为农业的可持续发展和农户的增收致富提供了有力保障。

四、测土配方施肥的主要原则与步骤

（一）测土配方施肥的主要原则

1.有机与无机相结合

在测土配方施肥过程中应坚持以有机肥为基础的原则。有机肥不仅能够增加土壤有机质的含量，改善土壤结构，还能提高化肥的利用率，促进作物的生长发育。因此必须重视有机肥的投入和施用。

2. 大量、中量、微量元素配合

在施肥过程中应注重各类营养元素的均衡供给，既要满足作物对大量元素的需求，又要补充必要的中量元素和微量元素，以确保作物的正常生长发育和高产稳产。

3. 用地与养地相结合

要实现农业的可持续发展必须坚持用地与养地相结合的原则，在作物生长过程中要不断补充土壤中的养分以保持土壤的肥力和生产力。同时还要注意保护生态环境，避免过度开发和利用导致土壤退化和环境污染。

（二）测土配方施肥的主要步骤

1. 土样采集

土样采集既是测土配方施肥的第一步，也是最为关键的一步。采集的土样应具有代表性，能够真实反映土壤的养分状况和物理性质。采样时间一般选择在秋收后，以避免作物生长对土壤养分的影响。采样深度和采样点的选择也需根据作物根系分布和土壤特性进行合理确定。

2. 土壤化验

土壤化验是指将采集的土样送至实验室进行化验分析以获取土壤的养分含量和物理性质数据。化验项目主要包括碱解氮、速效磷、速效钾、有机质和 pH 值 5 项基础指标，这些数据将为后续制定肥料配方提供重要依据。

3. 配方制定

根据化验结果和作物的需肥特性，由农业科技人员制定肥料配方。配方制定过程中需考虑作物的预期产量指标、土壤的供肥能力以及不同肥料的利用率等因素，以确保配方的科学合理性和可操作性。

4. 购肥配肥

根据配方指导农户选购优质肥料并进行合理配比。在购肥过程中应注意选择信誉好、质量可靠的肥料品牌，以避免购买到假冒伪劣产品进而影响施肥效果。

5. 科学施肥

按照施肥方法、施肥时期、施肥品种和施肥数量等要求对作物进行精准施肥。

施肥过程中应注意观察作物的生长情况和土壤的变化情况，及时调整施肥方案以确保施肥效果的最大化。

6. 跟踪调查与调整配方

在施肥过程中要做好田间调查工作，详细记录作物的生长情况和施肥效果。同时还要适当开展一些配方验证试验，以检验配方的科学性和有效性。根据调查结果和反馈信息及时调整施肥方案以确保施肥效果的稳定性和可持续性。

五、测土配方施肥的计算方法

在测土配方施肥过程中，准确计算施肥量尤为关键，计算时主要基于纯氮、五氧化二磷和氧化钾的推荐量。但化肥有效成分各异，导致农民实际操作时难以精准控制用量，亟需优化指导，确保施肥科学有效，因此需要通过一定的计算方法将推荐施用量转化为实际用肥量。具体计算方法可根据不同的化肥品种和土壤条件进行调整。首先，根据推荐施用量和化肥的有效含量计算出所需化肥的总量；其次，根据化肥的施用方法和作物的需肥特性，将总量分配到不同的施肥时期和施肥部位；最后，根据施肥量和施肥面积，计算出每亩地的具体用肥量，并指导农户进行精准施肥。

总之，测土配方施肥技术作为一种科学高效的施肥管理方式，在现代农业生产中具有广泛的应用前景和重要的推广价值。通过精准施肥实现养分的平衡供给和作物的健康生长，不仅有助于提升农产品的产量和品质，还能有效减少资源浪费和环境污染，为农业的可持续发展贡献力量。

在施肥管理中，针对特定地块，推荐每亩纯氮、五氧化二磷和氧化钾的用量分别为 8.5 kg、4.8 kg 和 6.5 kg。施肥方法分为单项施肥和复合肥施 2 种。

单项施肥时，需根据化肥的有效含量计算施肥量。例如，尿素（含氮 46%）需施 18.4 kg，以满足 8.5 kg 纯氮的需求；过磷酸钙（含五氧化二磷 12%）则需 40 kg，达到 4.8 kg 五氧化二磷的推荐量；硫酸钾（含氧化钾 50%）需施 13 kg，以满足 6.5 kg 氧化钾的需求。

若选择复合肥，则需先以推荐施肥量最少的五氧化二磷为基准，计算所需复合肥量。假设复合肥氮磷钾比例为 15：15：15，则需 32 kg 复合肥，但这仅能提供 4.8 kg

纯氮和等量的五氧化二磷、氧化钾。为补足氮和钾的差距，需额外增施尿素 8 kg（基于剩余氮需求）和硫酸钾 3.4 kg（基于剩余钾需求）。

复合肥虽便捷，但因其养分比例固定，难以满足所有作物的具体需求，故常需辅以单质肥料进行补充调整。

练习思考题

一、选择题

1. 瓜苗定植后（　　）内应注意提高地温，促进缓苗。

A.3~5 d　　　　　　　　　　B.10~15 d

C.5~7 d　　　　　　　　　　D.2~3 d

2. 当西瓜进入成熟期后可以适当地减少浇水量，在采收（　　），应停止浇水。

A. 前 10 d　　　　　　　　　B. 前 5 d

C. 前 15 d　　　　　　　　　D. 前 3 d

3. 授粉时间应在晴朗天气（　　）进行。

A. 上午 6~8 时　　　　　　　B. 上午 7~8 时

C. 上午 10~12 时　　　　　　D. 上午 8~10 时

4. 棚内温度上升到 32℃，且仍有上升的趋势时，要在棚顶部进行少量通风，使温度控制在（　　）。

A.35℃以下　　　B.40℃以下　　　C.38℃以下　　　D.32℃以下

5. 第 1 批瓜采摘前 10 d，（　　）

A. 灌肥水 2 次　　　B. 不灌水　　　C. 灌肥水 5 次　　　D. 灌肥水 1 次

二、填空题

1. 为进一步提高保温效果，对大拱棚麒麟西瓜早春栽培可采取＿＿＿＿＿方式，即＿＿＿＿、＿＿＿＿、＿＿＿＿、＿＿＿＿。

2. 坐瓜前，若植株繁茂，＿＿＿＿、＿＿＿＿，不施肥。

3. 主蔓长 60 cm 左右时，实施＿＿＿＿的＿＿＿＿策略。

4. 定植后要立即封严大棚棚室，盖好塑料薄膜，使大棚内白天温度保持在＿＿＿＿，夜间最低地温不低于＿＿＿＿。

5. 棚内空气相对湿度保持在白天＿＿＿＿、夜间＿＿＿＿这样一个适宜西瓜生长发育的水平。

三、判断题

1. 大棚种植麒麟西瓜时，在盛花期要减少光照和较高的夜温。（　　）

2. 坐果前后将管理温度稍提高，确保顺利坐果以及果实初期的膨大。（　　）

3. 在中午滴灌，并尽可能多采取叶面喷施追肥的方法。（　　）

4. 种植过程中应注意保持棚膜洁净，不必使用透光性好的薄膜。（　　）

5. 麒麟西瓜生长过程中无须进行人工辅助授粉。（　　）

四、简答题

1. 请简述大棚种植麒麟西瓜时，应如何调节光照，控制温度。

2. 请简述麒麟西瓜生育期如何进行水分管理。

3. 请简述在麒麟西瓜的生育期，应如何做枝蔓调整。

4. 请简述人工授粉操作。

模块五　麒麟西瓜病虫害防治

项目一　麒麟西瓜病害识别

🍉 学习目标

知识目标

掌握麒麟西瓜斑点病、白粉病、蔓枯病、炭疽病、绵腐病和生理性病害的危害症状、发病原因和发病时间；正确识别麒麟西瓜病害。

能力目标

能够对麒麟西瓜病害进行准确识别，具备判断病害种类和病情严重程度的能力；具备监测和管理麒麟西瓜病虫害的能力。

价值目标

使学生认识到麒麟西瓜病害对产量和品质的影响；培养学生遵循环保、绿色、可持续发展的理念；引导学生关注农业生产中的实际问题，培养解决实际问题的能力，为我国麒麟西瓜产业的发展贡献力量。

任务　麒麟西瓜病害识别

一、斑点病

麒麟西瓜斑点病是由瓜类尾孢引起的病害，仅危害叶片，多在生长中后期发生。患病时，叶片出现圆形或椭圆形褐色病斑，外围常有黄绿色晕圈，病斑中间颜色略浅。

麒麟西瓜常遭斑点病侵扰。轻时影响 20%~30% 的植株，重者则可达 60%~80%，显著减产。此病尤在多雨期易暴发，对西瓜生产构成威胁。

（一）危害症状

麒麟西瓜叶斑病，专一侵袭叶片，如图 5-1，常见于生长中后期。初期叶片显现暗绿色圆形病斑，边缘呈褐至紫褐色，中央灰白色微显轮纹，外围环以黄晕，独具特征。湿润环境下，病斑表面会滋生灰褐色霉层。病情加剧时，叶片布满病斑，迅速枯黄，严重影响光合作用与产量。

图 5-1　麒麟西瓜斑点病症状

（二）发病规律

该病菌以菌丝体或孢子形态在病残体和种子上越冬，次年随风雨及气流传播，穿透气孔入侵，完成初次侵染，并在 7~10 d 内生成新孢子进行循环感染。多雨季节为此病高发期，需加强防范。

二、白粉病

麒麟西瓜白粉病，俗名为白毛病、粉霉病，由特定真菌侵染引发，专袭西瓜叶部，叶柄与茎亦难幸免。此病于西瓜生长后期肆虐尤甚，可致叶片枯黄、植株早衰，减产显著。此病害遍布中国各西瓜产区，无论南北、温室大棚或露天种植均可见其踪迹，秋季及结瓜至成熟期尤为猖獗。针对此病应采取综合策略，优选抗病品种，强化栽培管理以增强抗性，并着重清除病菌源头，辅以适时药剂保护，构建全方位防控体系，以保障西瓜产量与质量。

（一）危害症状

白粉病专攻西瓜叶片，叶柄与茎次之，果实则幸免其害。病害常始于下部老叶，后渐次向上侵袭。如图 5-2，植株染病初期，叶表或背侧现细微白色圆点状霉斑，尤以叶面密集；随着环境条件适宜，这些斑点迅速扩张，融合成边界模糊的广大白粉区域，叶面覆盖着厚厚的白色霉层，极端情况下叶片全然失绿，唯余白粉层。相比之下，叶柄与茎上白粉分布稀疏。至病害后期，白色霉层转灰，系菌丝老化所致，病叶渐趋枯黄卷曲，但往往不脱落，持续危害植株健康。

图 5-2　麒麟西瓜白粉病病叶

（二）发病规律

病菌在土中越冬，次年成为首波侵染源，随风力传播至寄主叶片，引发感染。其分生孢子寿命短暂，在温度超过 30℃ 或低于 -1℃ 时迅速失活。

西瓜白粉病的发生与流行受多重因素交织影响。气候方面，病菌分生孢子在 10~30℃ 均能萌发，尤以 20~25℃ 为最宜。虽耐干旱，但极端湿度条件对其影响显著；低湿度条件下仍能萌发，而高湿伴随长时间降雨或叶面结露，则因吸水过度致细胞破裂，反而不利于侵染。高温干燥环境能加速孢子繁殖与病害扩散，尤其是温湿度交替变化时，病害更易肆虐。栽培管理上，种植密度、通风透光、灌溉控制等均为关键，过密种植、通风不佳、徒长植株及灌溉不当均会加剧病情。土壤水分管理尤需谨慎，缺水或过湿均不利。品种与生育期亦影响抗性，不同品种间抗病性各异，且西瓜各生长阶段对病害的抵抗力亦有差异，苗期与成株期嫩叶抗性相对较强，病害流行受气候、栽培措施及寄主特性等多方面因素共同影响。

三、蔓枯病

西瓜蔓枯病，俗称蔓割病，由瓜类黑腐球壳菌侵染引发，常见于日光温室西瓜栽培中，尤其是连作环境，会危害瓜蔓、叶片及果实，导致枝叶枯死与腐烂，严重影响产量。其发病程度深受温湿条件及栽培管理技术的影响，是温室西瓜生产中需重点防控的病害之一。

（一）危害症状

蔓枯病能广泛侵袭西瓜的瓜蔓、叶片及果实，如图5-3，贯穿其整个生长周期，导致严重的枯死腐烂问题。子叶初期受害表现为水渍状小点，随后扩展为黄褐色或青灰色病斑，最终蔓延至全叶，引发枯死。茎部感染时，初现水渍样小斑，迅速扩展并可能环绕茎干，造成幼苗迅速枯萎。茎基部受害初期呈油渍状，并伴有胶状物渗出，随后转为灰白色并开裂，干燥后形成赤褐色痕迹及密集黑粒（分生孢子器）。此外，茎节间、叶柄及果梗亦受波及，出现褐色溃疡状病斑伴裂痕与小黑粒，叶柄易在此处断裂。叶片受害则呈现圆形或椭圆形淡褐至灰褐色大病斑，干燥易裂，密布小黑粒。果实受害初期为油渍状小点，渐变为暗褐色，中心枯死并木栓化，表面布满小黑粒，雨后病部加速腐烂，果实易断裂。

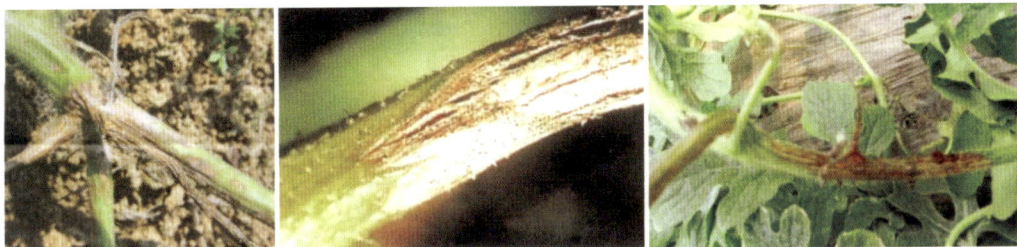

图5-3　麒麟西瓜蔓枯病症状

（二）发病规律

西瓜蔓枯病的发生与温度、湿度及栽培管理紧密相关。适宜温度范围内（10~34℃）病原发育随温升而加速，空气湿度超过80%时病发风险增加。病菌可以病残体为载体越冬，次年孢子散播成侵染源，育苗期即见病征。风雨能助力病菌传播，通过伤口、气孔等侵入植株。茎基发病受土壤湿度调控，过湿或积水环境均能促进发病，连作、低洼积水、养分不足及植株衰弱均可加剧病情。温室大棚内，高密度种植、通风不畅、高湿环境均为病害温床，优化温湿调控与栽培管理是减轻蔓枯病危害的关键。

四、炭疽病

麒麟西瓜炭疽病是一种由特定瓜类炭疽病菌侵染引发的西瓜病害，其症状表现贯穿西瓜生长全程。幼苗期时，子叶初现褐色圆斑，随后幼茎基部转黑褐并缢缩，严重时导致植株倒伏。进入成株期，叶片受害初为淡黄色水渍状圆点，渐变为褐色，边缘紫褐，中心淡褐，伴同心轮纹，病斑融合后叶片穿孔干枯。果实受害情况因成熟度而异，未熟果初为淡绿水渍状小斑，熟果则先现凸起病斑，后转为褐色凹陷，表面密布环状排列的小黑点。该病害能够严重影响西瓜生长与品质，需采取综合防控措施以减少其发生与危害。

（一）危害症状

麒麟西瓜炭疽病可危害西瓜的叶片、叶柄、蔓、果柄和果实，如图5-4。叶片感染炭疽病初期，呈现黄色水渍小圆斑，随后扩展为直径0.5~1.5 cm的褐色病斑，边缘黄晕，中心淡褐，伴同心轮纹，易穿孔。湿度大时，病斑上现粉红胶状物。病叶因斑干枯而早衰。

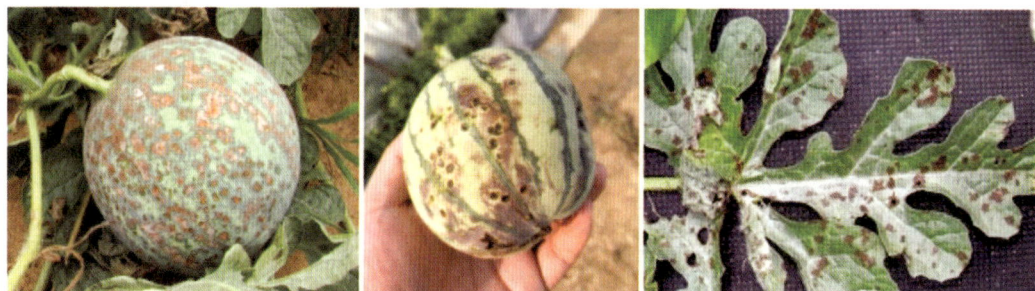

图5-4　麒麟西瓜炭疽症状

叶柄与蔓部受害，初显水浸状黄褐色梭形或长椭圆凹陷斑，随后扩展至黑褐色，病斑处可能穿孔并导致组织萎缩，最终引发植株倒伏乃至死亡。果柄染病则幼果色泽暗沉，渐趋萎缩。果实初期呈现暗绿色油渍小点，后扩展为圆形暗褐色病斑，表面凹陷带轮纹，中央龟裂。高湿环境下，病斑覆黑色小粒及粉红黏稠孢子团，严重时果实大面积腐烂。叶片上则出现暗褐色圆或长椭圆病斑，中心凹陷灰褐，同心轮纹显著，干燥后易破裂。茎部病斑亦呈暗褐色圆形或长椭圆状，中心灰褐干枯，湿度大时可见粉红黏状物。果实病斑初为油渍污点，渐成暗褐色轮纹凹陷，高湿下转为淡红色黏状，干燥则现裂痕。

（二）发病规律

麒麟西瓜炭疽病的发病受湿度、温度和成熟度等多重因素影响。湿度是关键诱因，当相对湿度维持在87%~95%且温度适宜时，病害扩展迅速，仅需3 d。湿度下降则病程延长，至54%以下时病害基本停滞。相比之下，温度虽有影响，但不如湿度影响显著，最适发病温度为24℃，而高于28℃时发病减缓。随着西瓜成熟度增加，抗病性逐渐减弱，因此在堆放、贮运过程中病害易加剧。此外，病斑上的分生孢子可通过雨水传播，形成新的侵染源，并在适宜湿度下迅速萌发侵入植株。病原菌可以菌丝或分生孢子形态在土壤中越冬，次年成为初侵染源。多雨低温年份，病害更为普遍，果实受害后出现暗褐色轮纹病斑，湿度大时伴有淡红色黏状物。

五、绵腐病

苗期绵腐病可致猝倒病，结瓜期专攻果实。近地果面先受害，初现褐色水渍斑，速转褐色、软腐。高湿环境下，病部生白绵毛，即病菌菌丝。此病害亦能导致植株死亡，严重影响西瓜生长。

（一）症状

麒麟西瓜生长后期时，果实膨大，面临地面高湿挑战，近地果面易因长期潮湿而染病。初期果面现水渍状斑，随后软化腐烂，湿度增加时覆盖白色绒毛菌丝，终致病瓜腐化散发异味。尤其遇雨水丰沛年或田间积水时，病害更为猖獗，严重影响果实品质与产量（图5-5）。

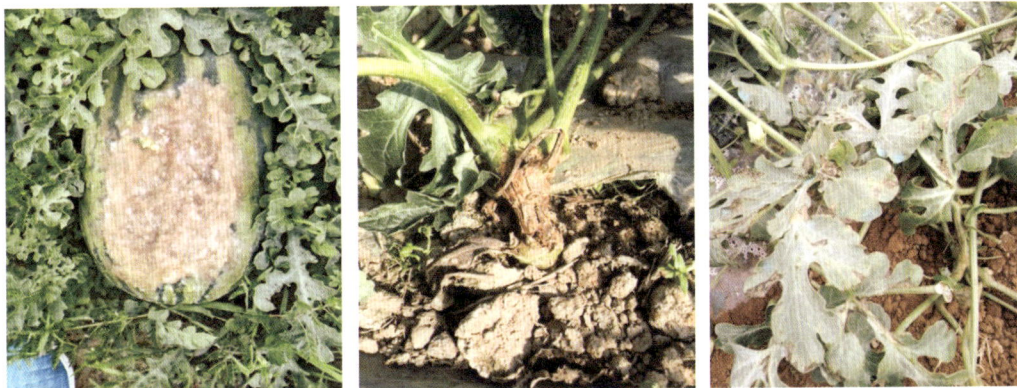

图 5-5　麒麟西瓜绵腐病症状

（二）发病规律

病菌在土壤表层12~18 cm深处越冬，能长期潜伏于土中。一旦环境条件适宜，病菌便会萌发形成孢子囊，释放游动孢子，通过灌溉水或雨水飞溅接触瓜苗，引发绵霉病致猝倒。此病尤喜潮湿土壤与连续阴雨环境，常与根腐病协同为害作物。其最适生长地温为15~16℃，超过30℃时则生长受抑，发病最宜地温约为10℃，低温虽抑制寄主生长，却促进了病菌的活跃。幼苗期，特别是子叶养分尚未耗尽、新根未稳之时，为病菌易感期。此时真叶未展，抗病力薄弱，加之阴雨、低温等不利条件，光合作用减弱，呼吸消耗加剧，幼茎细胞伸长且壁变薄，病菌乘虚而入。因此，该病主要集中于幼苗长出1~2片真叶阶段，伴随叶片增多，植株抗病力增强，发病减少。结果期若遇长期阴雨，果实亦易受害。

六、叶枯病

麒麟西瓜叶枯病的病原源自瓜链格孢菌，主要侵袭西瓜叶片，亦能波及茎蔓与果实。初期症状显现为叶片上细小的褐色斑点，边缘伴有黄色晕圈，常见于叶脉间或叶缘区域。随着病情发展，病斑逐渐呈近圆形，并带有细微的轮纹特征，能对西瓜植株造成显著损害。

西瓜叶枯病多在西瓜生长中后期发生，常造成叶片大量枯死，影响西瓜产量，在我国许多地区都有发生。该病是由真菌引起的病害，在西瓜生长中期，若遇先干旱、后连续降雨天气，或揭开拱棚塑料布后遇低温、多雨天气，则病害容易发生。

（一）危害症状

麒麟西瓜叶枯病能对植株构成广泛威胁，尤其以叶片受害最为显著，茎蔓与果实亦难幸免。幼苗子叶受害初期，叶缘现水渍小点，随后扩展成褐色病斑，高湿环境下可致整片子叶枯萎。真叶受害多见于叶缘或叶脉间，初为水渍小点，高湿条件可加速其扩展融合，叶片因此失水青枯。高温干燥时，病斑呈小型褐色圆点；潮湿环境下，则融合成大片褐斑，叶片变薄乃至枯萎。茎蔓受害则呈现浅褐色椭圆形或梭形凹陷斑，果实则现暗褐色圆形凹陷斑，边缘微隆，严重时可致腐烂。各受害部位在潮湿条件下，均可能覆盖灰黑至黑色的霉层（图5-6）。

图5-6 麒麟西瓜叶枯病症状

（二）发病规律

此病菌适应性广，温度范围为14~36℃、相对湿度超过80%即可发病，尤以多雨、高湿（相对湿度>90%）环境最为有利，会促使病害迅速蔓延。风雨不仅能助长病菌扩散，还能加剧其普遍侵染。连作田、氮肥过量或土壤贫瘠均削弱植株抵抗力，加重病害。相反，持续晴朗、充足日照则能有效抑制病情。不同西瓜品种的具备不同的抗病性。鉴于该病害近年来有加剧趋势，生产管理上需高度重视。生长周期内，病菌借风雨之力频繁传播，可导致多次重复侵染，对作物构成持续威胁。

七、疫病

麒麟西瓜疫病，亦名疫霉病，俗称"死秧""卡脖子"，系由德雷疫霉与辣椒疫霉双重侵袭所致，能够对西瓜的茎、叶及果实构成威胁，感染期贯穿苗期至成株。作为土壤传播病害，此病在西瓜生长中后期尤为猖獗，常致瓜熟前夕植株枯萎。其地理分布广泛，尤以南方更为严峻，多雨年份发病频率显著增加。在上海及长江中下游地带，疫病的高发时段集中于4~7月，尤其是早春与梅雨季节，若雨水充沛，则疫情更为严重。

（一）危害症状

麒麟西瓜疫病全面侵扰茎、叶、果实，不分苗期与成株期，如图5-7。茎部受害，多见于基部与嫩节，初现暗绿水渍斑，后绕茎扩展，致茎细软缢缩，上部枝叶渐枯。叶片受害时，边缘及叶柄接合处先出现水渍斑，渐变为不规则暗绿大斑，边缘模糊。潮湿环境下病斑速扩，叶腐；干燥时则干枯易碎。果实受害时，初现暗绿浸状凹陷斑，迅速遍及全果致腐，散发腥臭。潮湿条件下，病部表面覆盖灰白色霉层，实为病菌孢囊梗与孢子囊的聚集。

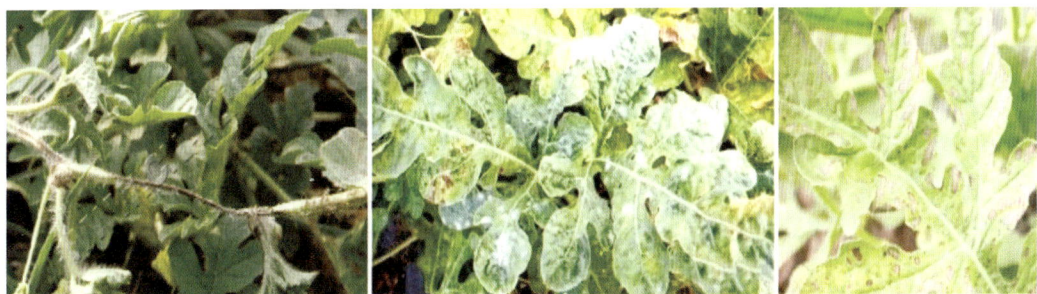

图5-7　麒麟西瓜疫病病叶

（二）发病规律

病菌在土壤及粪肥中越冬，可通过气流、雨水及灌溉水广泛传播，种子带菌情况较少。其最适发病温度为20~30℃，在雨季及高温高湿条件下，病情迅速蔓延。地势低洼、排水不畅、种植密度过大导致通风不良，均会加剧病害发生。特别在我国上海及长江中下游区域，4~7月为西瓜疫病的流行期，雨水充沛时尤为严重。连作地块、雨后积水及施用未经充分腐熟、含病残体的有机肥，也是促进病害提早发生与加重的关键因素。此外，种植密度过高、通风透光条件差、遭遇冻害或霜害，以及不合理的肥水管理，尤其是过度灌溉导致田间湿度过大等因素，均会显著增加病害的严重程度。

【课程资源】

病害的识别（1）

病害的识别（2）

项目二　麒麟西瓜虫害识别

🍉 学习目标

知识目标

了解农药的分类、麒麟西瓜虫害危害症状及发病原因；掌握麒麟西瓜蚜虫、红蜘蛛和蓟马的危害症状、发病原因和发病时间；正确识别、诊断麒麟西瓜虫害。

能力目标

具备对麒麟西瓜虫害进行诊断和监测的能力，熟悉农药的种类、性质、作用和适用范围，以便为麒麟西瓜虫害防治提供科学依据。

价值目标

引导学生增强环保意识，掌握绿色、低碳、安全的农业生产技术；提高学生综合素养，使其能够独立解决麒麟西瓜虫害问题，提高麒麟西瓜产量和质量。

任务一　麒麟西瓜虫害识别

麒麟西瓜田间虫害主要包括红蜘蛛、蚜虫及蓟马，推荐采用 43% 联苯肼酯悬浮剂稀释 3 000 倍、25% 噻虫嗪水分散粒剂稀释 6 000~8 000 倍，或 1.8% 阿维菌素溶液稀释 2 000 倍等方法进行针对性防治。

一、红蜘蛛

（一）危害特点

叶螨，俗称红蜘蛛，形态细微，酷似蜘蛛，专以植物叶片为食。其成虫、幼虫及螨群密集于叶背，利用刺吸式口器吸取植物养分，导致受害区域由淡黄渐变为焦黄，极端时叶片全呈灰白，最终枯萎。此虫害多发生于 4~7 月，在干旱少雨时节更为猖獗。

就麒麟西瓜而言，棉红蜘蛛为主要威胁，其隶属于叶螨科，广泛侵扰棉花、果树及各类蔬菜。此虫以不同生命阶段聚集叶背，吸取汁液，初期叶面现黄白点，随后扩展至整叶黄化、焦枯乃至脱落，严重影响作物生长，导致早衰、减产，甚至整株死亡，对农业生产构成重大损失。

（二）形态特征

红蜘蛛成虫形态为椭圆，雌虫体长介于 0.42~0.51 mm，雄虫仅为 0.26 mm，体色鲜亮至深红，携四对无爪足，足端附有四根黏性细毛。腹部背侧左右对称分布深色斑纹，特征显著。

（三）发病规律

随着春季气温回暖，越冬雌成螨苏醒，开始侵害初展的西瓜叶片，尤其偏爱叶片背面主脉两侧，后逐渐蔓延至全叶。其能拉丝爬行，随风传播，5 月中旬进入繁殖盛期，7~8 月达全年高峰，尤以 6 月下旬至 7 月上旬危害最为猖獗，常致叶片枯白。此螨繁殖迅速，平均世代周期为 10~15 d，既可两性生殖，也能孤雌生殖，雌螨一生交配 1 次，雄螨则多次交配。越冬雌成螨的活动时间受寄主营养状况影响显著，受害深重者，营养匮乏，螨体出现时间提前；反之，则可能至 11 月上旬仍有活动迹象。

（四）生活习性

红蜘蛛雌螨藏匿于枯叶、土壤缝隙及杂草根部越冬，次年气温回暖至 6℃ 时活跃取食。华北地区，红蜘蛛露地活动始于 3~4 月，5~7 月危害最为猖獗，而大棚温室则全年受害。其繁殖速度受气候影响，平均气温低于 20℃时，1 代需 17 d 以上。红蜘蛛偏好干旱环境，最佳繁殖湿度为 35%~55%，故干旱年份常促其大量暴发。其传播方式多样，如自主爬行、风力携带，甚至可通过水流、人畜活动传播，增强了其扩散能力和危害范围。

二、蚜虫

（一）危害特点

蚜虫，俗称腻虫，隶属于同翅目蚜科，是广泛分布的全球性害虫，国内普遍可见。其中，麒麟西瓜的主要威胁是棉蚜，亦名瓜蚜，可对西瓜生长构成显著危害。瓜蚜是刺吸性口器害虫，最终以若虫和成虫的形态在植物幼嫩茎叶进行汁液取食，这些幼嫩组织遭到破坏后，会导致瓜苗生长阻滞、叶片卷曲、萎蔫，无法再进行正常光合作用等促进发育行为。此外，如在老叶危害则会造成叶片脱落；还可通过刺吸作为病毒媒介传播病毒病，造成花叶、畸形等危害；所排泄蜜露可污染叶表面，造成煤污病。

（二）形态特征

蚜虫体形细微且柔嫩，色彩多样，依种类不同而变，涵盖绿、黄、浅绿、深青至黑褐等丰富色泽。翅膜质透明。多数蚜虫腹部第 6 或第 7 节背部生有一对"腹管"。腹部末端突起部有尾片。触角丝状，一般为 6 节。蚜虫形态多样，分为有翅与无翅两类，生殖方式随季节变化，夏季多孤雌胎生，秋季转为有性卵生。其种类纷繁，繁殖力惊人。无翅孤雌蚜体长 1.5~1.9 mm，夏季呈黄绿色，春秋则转为墨绿，若蚜多为黄色或蓝灰色。有翅孤雌蚜稍长，可达 2 mm，头胸为黑色，经 4 次蜕皮发育为成虫，其间有翅若蚜于第 2 次蜕皮后显现翅膀。其卵椭圆形，初产时橙黄色，随后转为光亮漆黑色，尺寸为长 0.49~0.59 mm、宽 0.23~0.36 mm。

（三）发病规律

在华北地区，蚜虫年发生超 10 代，4 月末有翅蚜迁飞至露地蔬菜，持续危害至秋末，再迁往保护地越冬。北京地区 6~7 月为其活动高峰，虫害尤为严重。7 月中旬后，受高温高湿及雨水冲刷影响，蚜虫生存环境恶化，其危害程度逐渐减弱。

（四）生长习性

瓜蚜年发生多则 20 余代，以卵形态越冬。在理想温湿度下，其生命周期短至 5~6 d。雌蚜一生能迅速繁衍出超过 50 只后代，繁殖力惊人。瓜蚜的活跃与温湿度紧密相关，最适繁殖温区为 16~22℃，而高温高湿（温度超过 25℃、湿度 >75%）则可抑制其繁殖。因此，干旱条件更利于瓜蚜滋生，雨水则通过冲刷作用，能减少其数量。

三、蓟马

蓟马是缨翅目昆虫的统称。西瓜、甜瓜蓟马虫害以棕榈蓟马为主，其繁殖快、个头小、危害隐蔽，瓜农不易察觉，容易暴发成灾，且极易产生抗药性，防治难度大。

（一）危害特点

麒麟西瓜受蓟马侵害，其成虫与若虫专以嫩梢、叶、花及幼瓜汁液为食，导致叶脉间现灰色斑痕，叶片卷曲，新叶生长受阻，植株矮化、生长迟滞且畸形，甚至"无头"。花部受害时轻则留下灰白斑，重则半透明、花瓣皱缩早落，影响坐果。幼瓜表面则因吸食形成白色硬凸，瓜形畸变，极端情况下落瓜频发，严重影响西瓜的品质与产量。

（二）形态特征

微小昆虫，体长仅 1 mm，颜色为耀眼金黄色。其头方正，复眼微凸，点缀 3 颗红单眼，呈三角布局。翅展细长，边缘细毛环绕，腹部扁平而长。卵为黄白长椭状，细微至 0.2 mm。若虫初期黄白，至三龄时复眼转红。

（三）发病规律

蓟马成虫以其独特的习性，偏好向上迁移并栖息于嫩绿叶片背面及瓜头密集处，展现出高度的活跃性与敏捷性，同时畏避强光环境。成虫体色鲜黄，体长细微，0.8~1 mm。雌虫擅长将卵隐秘地嵌入嫩叶组织内，促进种群繁衍。其生命周期中，以成虫及初龄若虫为主要危害阶段，而成熟的二龄若虫则自行落入土中，利用适宜的温湿度条件（温度为 25~30℃，土壤含水量为 8%~18%）完成化蛹与羽化过程。

值得注意的是，气候因素能显著影响蓟马种群动态。多雨或高湿季节，其数量明显减少。冬季，成虫与少数若虫则选择土块缝隙、枯枝落叶间作为庇护所越冬，待气温回暖至 12℃时重归活跃。沙壤土质的瓜田因其利于若虫入土化蛹及成虫羽化，成为蓟马偏好的繁殖地。

在麒麟西瓜大棚内，得益于二棚三膜的保温保湿效果，蓟马的活动与繁殖受温湿度调控，展现出季节性差异。春季（1~3 月）发育缓慢，每月约 1.5 代；随着气温升高，4~5 月增至每月 2.5 代，至 6~9 月高峰期，月均 3 代，且化蛹羽化率高达 90%，危害尤为严重；秋季（10~12 月）虽有所下降，但仍需警惕。特别是盛夏时节，蓟马因高温干旱而更加隐蔽，增加了防控难度。因此，针对蓟马的防治需根据季节变化灵活调整策略，以确保西瓜生产的顺利进行。

（四）生长习性

蓟马为不完全变态昆虫，生命周期涵盖卵、若虫、伪蛹及成虫4个阶段，年发生达10~15代。若虫活跃畏光，持续取食至三龄末入土化蛹。成虫偏好蓝色与嫩叶，活跃善飞，惧强光，主要侵害嫩梢、幼瓜及叶背。其繁殖迅速，羽化后迅速交配产卵，生殖方式多样。麒麟西瓜的蓟马危害主要集中在春末至夏初，具体高峰期随地域不同略有差异。

四、美洲斑潜蝇

美洲斑潜蝇，隶属于双翅目潜蝇科斑潜蝇属，是一种对多种作物构成威胁的害虫，俗称蔬菜斑潜蝇、蛇形斑潜蝇及甘蓝斑潜蝇等。其成虫体形微小，长为1.3~2.3 mm，体色呈浅灰黑色，胸背板则闪耀着亮黑色光泽，腹部面则转为鲜明的黄色，雌虫体形较雄虫更为庞大。幼虫形态为蛆状，初期透明无色，随后转变为浅橙至橙黄色，体长可达3 mm，后气门突出显著，呈圆锥状且顶端三分叉，各带一开口，特征鲜明。

此害虫的寄主范围极广，跨越110余种植物，尤其偏好葫芦科、茄科及豆科植物，对叶片造成的损害率高达80%，严重威胁瓜菜类作物的产量与品质，极端情况下甚至导致绝收。其隐蔽性强，加之体形微小，常与本土近缘种混淆，增加了防治难度。此外，美洲斑潜蝇对农药的抗性发展迅速，且南北地区发生情况差异显著，进一步加大了防控策略的制定难度。

（一）危害方式

美洲斑潜蝇与南美斑潜蝇虽有所不同，但能均对叶片造成严重破坏。前者幼虫专注于叶片正面，蚕食叶肉，形成由细渐宽的蛇形虫道，内含规律排列的黑色虫粪，老熟幼虫每日可潜食约3 cm，留下棕色干斑块区。后者幼虫则偏好叶片背面，自主脉基部起始，构筑宽阔（1.5~2 mm）且不受叶脉限制的虫道网络，严重时虫道交织成大片取食斑，致叶片枯黄。成虫阶段，两者行为相似，均在叶片正面取食、产卵，造成微小针孔状伤害，这些孔洞初期呈浅绿，后转白，清晰可见。

成虫通过直接吸食叶片汁液，可导致叶片表面出现点状凹陷。幼虫则在叶片上下表皮间穿梭，构筑错综复杂的隧道系统，严重削弱叶片光合作用能力，加速叶片脱落或枯死，影响植物生长及果实发育，甚至通过取食行为传播病害，特别是病毒病，进一步降低作物的经济价值。因此，针对美洲斑潜蝇的防控需采取综合措施，将早期监测、科学施药与生物防治相结合，以有效遏制其危害。

（二）形态特征

美洲斑潜蝇成虫为蝇类，体长 2~2.5 mm，背部呈纯黑色。幼虫形态为无头蛆状，体色乳白至鹅黄，长 3~4 mm，直径 1~1.5 mm。蛹则多为橙黄至金黄的色泽，长为 2.5~3.5 mm。值得注意的是，美洲斑潜蝇与番茄斑潜蝇的形态细微有别，前者胸背板亮黑，外顶鬃生于黑区，内顶鬃位置多变，蛹后气门 3 孔；后者内外顶鬃均生于黑区，蛹后气门孔数多达 7~12 个。

（三）发病规律

广东地区美洲斑潜蝇年发生代数高达 14~17 代，其世代周期受温度显著影响，15℃下约 54 d，20℃时缩短至 16 d，而 30℃时仅需 12 d。成虫具有趋光、向绿及强趋黄性，并具飞行力，以叶片汁液为食。卵产于叶肉内，初孵幼虫潜食叶肉，尤喜栅栏组织，构筑隧道且末端稍膨大。老熟幼虫则破皮而出，于外化蛹。其传播主要依赖寄主植物的叶片、茎蔓及鲜切花的调运。

（四）生活习性

美洲斑潜蝇于 4~11 月活跃，盛发期在 5 月中旬至 6 月及 9 月至 10 月中旬，杂食性强，对作物危害严重。

【课程资源】

虫害的识别

任务二　合理使用虫害农药

农药是农用药剂的简称，依据《农药管理条例》（2022年修订），被明确定义为旨在预防、根除或控制影响农业、林业的有害生物（包括病害、虫害、杂草等）的化学合成物、生物源物质或天然成分的单独或混合制剂，同时涵盖用于调节植物与昆虫生长的特定物质。

农药可依据来源、对象及作用方式等分类，其中按作用方式可划分为杀虫剂、杀菌剂及除草剂，每种针对特定生物有特定功能。虫害农药也称杀虫剂农药，是一种专门设计用于防治害虫的农药，其目的是通过化学或生物手段，对农业、林业、公共卫生等领域中出现的各种害虫（包括昆虫、螨类、线虫、啮齿动物等）进行控制或消灭，以保护农作物、森林、家庭和公共场所不受侵害，确保作物产量、林木健康和生活环境舒适。

一、虫害农药的分类

虫害农药根据不同的分类标准有多种类型，下面分别从主要的分类角度来介绍杀虫剂农药的种类及其特点。

（一）按化学成分来源和性质分类

1. 无机杀虫剂

这类杀虫剂主要包括一些金属化合物，如氟化钠、氟硅酸钠、硫磺等。其特点是作用迅速，但往往具有较高的毒性，对人畜及环境安全性较低，很多已被禁用或限制使用。

2. 有机杀虫剂

（1）天然有机杀虫剂。天然有机杀虫剂源自动植物及矿物，如植物性的鱼藤酮、除虫菊酯等，以及矿物性的柴油、石油乳剂。但产量有限，且效果稳定性与持久性逊于人工合成品。

（2）人工合成有机杀虫剂。人工合成有机杀虫剂有多种，含有机氯类（如DDT，已淘汰）与有机磷类（如马拉硫磷、敌百虫等）、有机氮类（如吡虫啉）、氨基甲酸酯类（如加保利、纳乃得）、拟除虫菊酯类（如氯氰菊酯）、昆虫生长调节剂以及新型生物源杀虫剂等。这些杀虫剂具有高效、广谱的特点，但部分存在环境污染和生物积累问题，长期使用可能导致害虫抗药性增强。

（二）按作用方式分类

1. 触杀剂

此剂接触即产生毒性，可直接杀死接触到药剂的害虫。

2. 内吸剂

内吸剂被植物吸收后分布到植物各部位，当害虫取食植物时，摄入体内发挥作用。

3. 胃毒剂

害虫吞食含有胃毒剂的食物后，进入其消化系统而发挥毒杀作用。

4. 熏蒸剂

熏蒸剂以气体或蒸汽释放，扩散进入害虫藏匿的地方，通过吸入作用杀灭害虫。

5. 引诱剂

引诱剂通过吸引害虫集中聚集以便捕杀或监测。

6. 拒食剂

拒食剂可改变害虫对食物的选择性，使之不愿摄食。

（三）按毒理作用机制分类

1. 神经毒剂

此制剂可干扰害虫的神经系统功能，如除虫菊酯等。

2. 呼吸毒剂

此制剂可抑制害虫呼吸酶活性，导致其氧气供应不足而死亡。

3. 物理性毒剂

此制剂可破坏害虫细胞膜结构或影响其新陈代谢，如某些表面活化剂和重金属离子。

4. 特异性杀虫剂

此类制剂可用于害虫生长发育过程中的特定环节，如昆虫激素类杀虫剂（蜕皮激素、保幼激素类似物），主要用于调控害虫生命周期，降低其繁殖能力。

每种类型的杀虫剂都有其独特的应用优势和局限性，在实际使用中，应遵循合理用药、轮换用药的原则，尽量选择高效、低毒、低残留、对环境友好的农药，并结合病虫害综合管理策略，以减少对生态环境的影响，延缓害虫抗药性的产生。

（四）新型杀虫剂

近年来，随着对传统杀虫剂抗药性问题的关注和对环境友好的农药需求增加，新型杀虫剂的研发备受瞩目，以下是一些具有较好前景的新型杀虫剂类型。

1.RNAi 干扰技术

RNAi 干扰技术可通过设计特异性的小干扰 RNA（siRNA）或微 RNA（miRNA）来沉默昆虫体内特定基因的表达，从而影响其生长、发育或繁殖。这种方法针对性强，对非靶标生物影响较小，是极具潜力的新型绿色杀虫剂。

2. 生物源杀虫剂

（1）微生物杀虫剂。如苏云金杆菌（Bt）系列杀虫剂，以其专一性高、对环境影响小而著称，现已研发出多种改良型产品，能够针对多种类害虫。

（2）植物源杀虫剂。是由从植物中提取的生物活性成分制成的杀虫剂，如印楝素、苦参碱等，以及通过生物工程改造增强活性的植物蛋白毒素。

3. 昆虫生长调节剂

这类农药能干扰昆虫的生长发育，如蜕皮激素类似物、保幼激素类似物等，通过影响昆虫变态过程达到防治目的，环境风险较低。

4. 新型仿生农药

其类似天然昆虫信息素的性引诱剂和聚集信息素，用于诱捕或干扰害虫繁殖行为。新型神经毒剂如氯虫苯甲酰胺，通过独特的作用机制对多种害虫有高效控制作用，且对环境相对友好。

5. 免疫激活剂

免疫激活剂并非直接杀死害虫，而是激活害虫自身的免疫系统，使其对病原微生物的抵抗力下降，间接影响害虫群体的健康和存活率。

6. 纳米农药

纳米农药是通过纳米技术制备的新型农药载体，可以提高药效、降低用药量、减少对非靶标生物的影响，如载药纳米粒子。

以上新型杀虫剂均在不断研究和完善中，随着科技进步和市场需求的变化，越来越多的创新技术将在农药领域得到应用，为害虫防治开辟更广阔的前景。

二、常用虫害农药的剂型

虫害农药制剂多样，加工工艺决定剂型，不同剂型稀释与使用方法各异。

（一）可湿性粉剂

可湿性粉剂由原药、陶土载体、湿润剂及稳定剂组成，经精细粉碎后制成，专用于滞留喷洒，以控制虫害。

（二）乳油

乳油与水乳剂通过溶解原药于溶剂或水中，并添加乳化剂搅拌均匀，制成透明油状液体，广泛应用于空间及滞留喷洒，以高效控制虫害。

（三）悬浮剂

悬浮剂由固体原药、表面活化剂与少量溶剂经超微粉碎制成，呈黏稠流动状，作为新型滞留杀虫剂，其使用便捷且效果优于同类可湿性粉剂。

（四）油剂

油剂为杀虫剂有效成分溶于煤油（如脱臭煤油、柴油）的制剂，常用于气雾罐或热烟雾机。无须稀释即用的剂型还有烟剂（如灭虫片、蚊香）、气雾剂、毒饵及电热蚊香（固体或液体），这些剂型均以其便捷性在虫害控制中发挥作用。

三、虫害农药使用注意事项

杀虫剂的生产工艺主要分为液体深层发酵与半固体发酵两大流派，而两步法生产则是基于半固体发酵技术的深度优化与创新，以其高效、便捷、灵活的特点，成为农村及中小企业推广的理想选择，有效降低了生产成本，推动了微生物农药产业的蓬勃发展。特别是在针对食叶性蔬菜害虫如菜青虫、小菜蛾的防控上，具有卓越的效果，同时也在棉铃虫、松毛虫等大范围虫害治理中得到逐步推广。

施药方式多样，如喷雾、喷粉、灌心及飞机喷洒等，关键在于确保药剂均匀覆盖，增加害虫接触概率。为提高防治效率，可尝试将化学杀虫剂微量添加至生物杀虫剂中，或与其他微生物杀虫剂混合使用，实现优势互补，显著提升害虫死亡率。同时，生物农药与其他生物制剂的复配，不仅拓宽了杀虫谱，还因其环保、高效的特点，深受用户青睐，为现代农业的可持续发展提供了有力支持。

四、生物杀虫剂的施用原则

（一）对症施治

生物杀虫剂因其特异性和选择性，对害虫种类及寄主有专一性。如苏云金杆菌和昆虫病毒等，专治棉铃虫、菜青虫等鳞翅目及象甲、美洲斑潜蝇等害虫。使用时需根据害虫种类精准选择，以确保防治效果。

（二）适期防治

生物杀虫剂机制独特，需侵染、繁殖后发挥胃毒作用。施用时应瞄准卵孵化高峰或幼虫初期，确保药剂渗透虫卵或附壳，幼虫孵化即染病，或取食后死亡。

（三）科学施用

生物杀虫剂发挥效能的关键在于活性与环境。如施用苏云金杆菌时，选择暖湿傍晚或阴天最佳；使用时避免与杀菌剂、碱性农药混用。植物浸提液杀虫剂应现配现用，以保持其高效性，避免药效流失。

【课程资源】

合理使用虫害农药

项目三　实训

🍉 **学习目标**

知识目标

能掌握麒麟西瓜病虫害防治方法，包括农业防治和化学防治方法；能操作农药的稀释配制技术、病虫害防治技术。

能力目标

提高学生麒麟西瓜病虫害防治技能，掌握麒麟西瓜日常田间管理技术，让学生将理论知识运用到实际中，提高学生的动手能力和解决问题的能力。

价值目标

通过学习麒麟西瓜虫害防治技术，使学生能认识到虫害防治技术的重要性，增强其责任意识，主动积极参与农业技术推广，成为推动农业现代化发展的中坚力量。

实训一　麒麟西瓜病虫害防治技术

一、病害的防治技术

（一）斑点病

1. 农业防治

（1）农业措施。与非瓜类作物轮作2年以上，选用无病种子，雨后及时排除积水，棚内通风降湿。

（2）清洁田园。西瓜拉秧后彻底清除病残落叶并带到田外妥善处理，减少田间病原。

（3）高温闷棚。在发病初期，选晴天上午9~10时关闭大棚，使棚内温度升高至42~44℃，维持2 h后放风降温，每7 d左右1次，共处理3~4次。

（4）强化栽培管理。确保有机底肥充足，增施磷钾肥；采用高垄地膜覆盖，促进排水，避免田间积水，严禁过度灌溉。

2. 化学防治

（1）种子消毒。可采用温汤浸种或用50%多菌灵可湿性粉剂500倍液浸种30 min。

（2）发病初期及时喷药防治。混合使用50%扑海因可湿性粉剂800倍液与70%甲基托布津可湿性粉剂600倍液，或搭配80%炭疽福美可湿性粉剂450倍液，均能有效控制病情。另可使用50%敌菌灵可湿性粉剂400~500倍液、50%多硫悬浮剂600~700倍液等，轮换以防抗药性。每7~10 d喷施1次，连续3~4次，确保药效。采收前7 d停止用药，以保障农产品安全。对于保护地栽培，推荐采用45%百菌清烟剂烟熏，每亩用量200~250 g，或撒施5%百菌清粉尘剂，每亩用量1 kg，实际应用时需根据病情灵活调整防治次数。

（二）白粉病

1. 农业防治

（1）选用抗病品种。

（2）优化田间管理。实施精准测土配方施肥，针对西瓜生育期短的特点，基肥与追肥均应聚焦速效肥。确保有机肥充分腐熟，平衡施用氮磷钾，避免氮肥过量，增强抗病力。定瓜后应精准追肥，幼瓜长至鸡蛋大小时疏瓜定瓜，并追施膨瓜肥，每亩温室施复合肥 30 kg。推广起垄覆膜，全地膜覆盖，采用膜下节水灌溉，严控水分。对于连作温室，推荐基质栽培。还需合理密植与整枝，适时去除病叶老叶，优化通风透光条件。

2. 化学防治

麒麟西瓜定植与花期，需强化喷药防护，预防病害。初期可选 25% 嘧菌酯悬浮剂 1 500 倍或 50% 硫黄悬浮剂 300~400 倍溶液，每 7 d 喷 1 次。一旦发现病害，需立即摘除病叶，并轮换使用多种高效药剂如 15% 粉锈宁、40% 灭病威、25% 戊唑醇等，按推荐浓度稀释后，每 7 d 喷施 1 次，连续 2~3 次。喷药时需确保叶片正反面均匀覆盖，避免遗漏，以全面控制病害。

（三）蔓枯病

1. 农业防治

（1）实施轮作策略。与大田作物或非瓜类蔬菜进行 3~5 年的轮作循环，有效减轻西瓜蔓枯病的发生风险。

（2）优选抗病品种。因地制宜，选择抗病性强的西瓜品种，从根本上增强植株抵抗力。

（3）精细栽培管理。确保基肥充足，重视腐熟有机肥与饼肥，平衡施用氮磷钾肥，避免氮肥过量。雨后速排积水，盛果期适时追肥防早衰。一旦发现病株，需立即摘除病叶病蔓，收获后需彻底清理瓜园，集中销毁病残体及杂草，减少病原残留。

2. 化学药剂

（1）种子与土壤预处理策略。在西瓜种植初期，种子处理是预防病害的首要环节。可选用高效低毒的 99% 恶霉灵可湿性粉剂，以 1~1.5 g 拌 1 kg 种子的比例进行干拌或湿拌处理，确保种子表面均匀附着药剂，有效抵御病害入侵。干拌时，先将药剂与细土混匀再拌种；湿拌时，需先将种子适度湿润，再与药剂充分混合，拌后应立即播种，避免闷种。此外，用 36% 三唑酮多悬浮剂 100 倍液或 50% 复方多菌灵悬浮剂 500 倍液浸种，以及 55℃温水浸种，均为有效的种子消毒手段。

（2）苗床土壤处理同样关键。使用99%恶霉灵可湿性粉剂或50%甲霜灵可湿性粉剂与细土混合制成药土，覆盖于营养土上下层，可有效预防西瓜蔓枯病等土传病害。移栽前，可对育成苗喷施25%苯醚甲环唑乳油、80%多福锌可湿性粉剂或36%三唑酮多悬浮剂，实施带药移栽，进一步降低大田前期的病害风险。

3.药剂防治策略

针对西瓜蔓枯病等病害的发病初期，推荐采用复配药剂进行精准防治。每亩可选用80%多福锌可湿性粉剂与25%苯醚甲环唑乳油复配，并加入漂效王叶面肥，以提升植株抗逆性，实现病害防控与营养补充的双重效果。此外，也可单独使用25%苯醚甲环唑乳油、75%百菌清可湿性粉剂或70%甲基托布津可湿性粉剂，按推荐浓度稀释后均匀喷雾，每隔5~7 d喷洒1次，连续施药2~3次，亦能达到良好的防治效果。施药过程中，需确保叶片正反面均匀着药，防止漏喷，以全面控制病害。

（四）炭疽病

1.农业防治

（1）优选抗病良种。在西瓜种植前，首要任务是筛选具备强抗病性及环保特性的西瓜品种。不同品种的抗病差异显著，针对麒麟西瓜炭疽病高发区域，选用适宜当地生态环境的抗病品种，能显著减轻病害压力，实现高效防控。

（2）推行合理轮作制度。针对炭疽病病灾严重的田块，实施严格的轮作策略至关重要。建议将西瓜与小麦、玉米等非葫芦科作物进行3~4年的轮作，以有效减少土壤中西瓜炭疽病菌的积累。轮作期间，应密切关注其他病虫害的防控，确保土壤生态健康。对于新开垦或病害较轻的田块，虽可连续种植西瓜，但同样需加强病虫害防治措施。

（3）精细化水肥管理。针对低洼易涝田块，需科学规划种植密度，确保通风透光良好，并加强雨天排水，防止湿度过高。施肥方面，应坚持有机肥为主，辅以氮磷钾复合肥，遵循少量多次、勤施薄施的原则，同时注重开棚通风，降低棚内湿度，营造利于西瓜生长而不利于病菌滋生的环境。

（4）精耕细作与田园清洁。西瓜收获后，应利用冬季休耕期深翻土壤，并视情况浇灌，以破坏病菌生存环境，减少越冬菌源。同时，还应加强田间管理，及时清除杂草及病残体，对发病叶片轻取深埋，远离种植区，防止病菌扩散。注重保持瓜园整洁，修剪多余枝蔓，提升通风性，降低病害风险。

（5）分离育苗与大田管理。为减少炭疽病菌源传播，建议将西瓜育苗阶段与大田生长期分开管理。集中育苗便于统一防控苗期病害，同时能降低病菌随移栽带入大田的风险，为西瓜健康生长打下坚实基础。

（6）持续清洁瓜园环境。在西瓜整个生长期内，应定期清理病叶、老叶及杂草，保持瓜园清洁，减少病菌滋生。此举不仅有助于控制西瓜炭疽病，还能提升整体生长环境质量，促进西瓜品质与产量的双重提升。通过上述综合防控措施，可显著降低麒麟西瓜炭疽病的发生率，保障西瓜产业的稳健发展。

2. 化学防治

（1）种子预处理。精选粒大饱满、均匀一致的西瓜种子，利用阳光自然杀菌，晾晒 2 d 以增强种子活力。辅以药剂消毒，如用 40% 福尔马林、多菌灵 500 倍或托布津 800 倍液浸种，严格控制时间以防药害，之后彻底清洗种子，去除残留农药。另用温水（55℃）浸种并持续搅拌 15 min，自然降温至室温，同样有效。拌种时，将 65% 代森锰锌与 50% 福美双以适量比例混合，每百克干种拌入 0.3 g 药剂，既能防虫又能杀菌。

（2）定植期管理。定植后，可采用 200 g 铜胺兑水 80 kg 的溶液，每周喷施 1 次，针对性抑制西瓜炭疽病，保障植株健康生长。

（3）发病期精准施药。一旦发现病害迹象，应立即行动。保护地与露地均适用 50% 甲基托布津加 75% 百菌清，或多菌灵加百菌清的可湿性粉剂 800 倍液混合喷洒。此外，甲基硫菌灵悬浮剂、炭疽福美可湿性粉剂、抗霉菌素及武夷菌素等也是有效选择，建议轮换使用，每 7~10 d 施用 1 次，连续 2~3 次，确保全面防控。

（4）采后处理。采摘后的西瓜，可使用美帕曲星 0.1 mg/kg 进行熏蒸处理，进一步确保果品安全，延长保鲜期，降低采后病害风险。

（五）绵腐病

（1）精选土壤，强化消毒。苗床土壤务必选用无病新土，旧土则需严格消毒处理。每平方米苗床可施用 50% 拌种双等药剂，与细土混匀后，分层铺设于种子上下，形成保护屏障，有效预防病菌侵袭，持续防护效果可长达月余。

（2）优化苗床环境，精细管理。苗床选址需考虑地势、排水等因素，确保干燥、排水畅通。播前充分灌足底水，出苗后严格控制水分，必要时晴天轻喷，避免大水漫灌。此举旨在营造适宜生长环境，减少病害发生。

（3）通风降湿，科学防治。育苗期间，无论晴雨均需适时放风，降低湿度，防止瓜苗徒长及病害滋生。针对果实病害高发区，可采用高畦栽培，预防积水。西瓜定植初期，可采取少水勤中耕策略，及时搭架支撑。一旦发现病害初期症状，应立即使用普力克水剂或恶霉灵水剂等化学药剂进行精准喷淋，以迅速控制病情，保障作物健康生长。

（六）叶枯病

1. 农业防治

（1）无病留种，选耐病品种。建立无病留种田，优选适应当地气候、土壤条件的耐病西瓜品种，从源头减少病害发生。

（2）病残体处理。收获后彻底清除田间病残体，可集中深埋或焚烧，避免病菌残留传播，保持田间环境清洁。

（3）科学施肥，增强抗性。实施配方施肥，重用酵素菌堆肥，平衡氮磷钾，前期可喷施惠满丰液肥，提升植株抗病力。

（4）精准播种，适温管理。根据气象条件科学确定播种期，确保日均温与土温达标，必要时可采用地膜覆盖保温促早发芽。

（5）避雨排水，搭架栽培。推广避雨栽培，雨后及时排水防湿，可采用搭架单蔓整枝法，优化生长结构，既能增产又能防病。

2. 化学防治

（1）种子消毒，安全播种。针对潜在带菌种子，可采用75%百菌清或50%扑海因可湿性粉剂1 000倍液浸泡2 h，彻底冲洗后催芽播种，从源头降低病害风险。

（2）提前预防，精准施药。强化病害监测，于发病前喷施高效药剂，如速克灵、扑海因、百菌清等，按推荐浓度配制，每亩喷施60 L，每7~10 d喷洒1次，连续3~4次，以有效遏制病害发生。

（七）疫病

1. 农业防治

（1）优选抗病种子，强化消毒流程。如精选具备高抗病性的西瓜品种，并对种子实施严格消毒处理，以抵御初期病害威胁，确保健康出苗。

（2）实施轮作制度，精细田间管理。如推行 3 年以上轮作模式，有效控制病原菌积累。严格控水，及时拔除并销毁病株，尤其在雨季需强化排水措施，减少病害发生条件。

（3）创新嫁接技术，增强抗病能力。如采用黑籽南瓜、西葫芦等强健砧木进行西瓜嫁接，利用砧木的抗病优势，显著提升西瓜植株的整体抵抗力，减少病害侵扰。

（4）优化肥水管理，促进健康生长。如施用充分腐熟的农家肥，避免使用带病残体的肥料。实施配方施肥，注重磷钾肥的均衡供给，尤其在苗期与整个生长期保证钾素充足，以提升西瓜品质与抗病性。同时，可采用膜下滴灌等节水灌溉技术，避免大水漫灌导致地温下降与湿度过高，结合及时整枝打杈，维持良好的田间通风透光环境，助力西瓜健康成长。

2. 化学防治

西瓜定植至开花期，可采用代森锌、百菌清、克菌丹等广谱杀菌剂，按适宜浓度定期喷施，以预防病害发生。病害初现时，迅速切换至嘧菌酯、醚菌酯等高效治疗剂，配合霜脲·锰锌、甲霜·铜等复方制剂，精准施药，每 7~10 d 施用 1 次，连续 2~3 次，以有效控制病情。此外，还可使用百·烯酰烟剂或百菌清烟剂进行烟熏防治，多措并举，确保西瓜健康生长，远离病害侵扰。

二、虫害的防治技术

（一）红蜘蛛

（1）物理清除与隔离。在冬季至早春，刮除树干老皮并焚烧，减少越冬虫卵基数；随后涂白树干，利用石灰水直接杀灭残留虫卵，构建物理屏障。

（2）生态调控。利用红蜘蛛的生活习性，早春时深耕除草，破坏其繁殖环境，通过饥饿法自然降低虫口密度，实现绿色防控。

（3）物理阻隔技术。于枣树生长期初期，采用环保粘虫胶环绕树干，形成有效隔离带，阻断红蜘蛛上树路径，不仅高效且对环境友好。

（4）天敌保护与利用。增强对红蜘蛛的自然天敌如中华草蛉、食螨瓢虫等的保护意识，通过减少化学干预，促进天敌种群增长，实现对红蜘蛛的自然控制。

（5）精准化学防治。在必要时，选用高效低毒农药如螨危、螨死净、哒螨灵及齐螨素等，按推荐浓度精准喷施，快速遏制虫害扩散，同时确保施药安全与环保。

（二）蚜虫

（1）源头控制。种植前彻底清洁田园，隔离棉花等寄主作物，减少蚜虫越冬栖息地。同时，加强田间管理，及时拔除带虫幼苗并妥善处理，从源头上降低虫口基数。

（2）天敌保护。充分利用七星瓢虫、草蛉等自然天敌，尤其是在天敌活动高峰期，减少化学农药使用，以维护生态平衡，强化自然防控力量。

（3）物理诱杀。利用蚜虫的趋黄特性，设置黄色诱虫板，有效诱集并捕捉有翅蚜，减少田间成虫数量，实现绿色防控。

（4）精准施药。把握防治关键期，针对蚜虫繁殖规律，在越冬卵孵化初期至有翅蚜迁飞前，采用乐果、溴氰菊酯等环保药剂，全面细致地喷雾，确保叶片正反面特别是叶背及幼嫩部位充分着药，有效控制虫害。

（三）蓟马

（1）农业生态调控。实施轮作换茬，如稻瓜轮作，以自然生态循环减轻蓟马危害。彻底清理田园，包括老蔓杂草，集中焚烧处理，并拆除棚膜、地膜，进行土壤浸泡，营造不利于蓟马生存的环境。同时，加强棚内外杂草清除和水肥管理，促进植株健壮生长，自然抵御虫害。

（2）物理诱杀技术。针对蓟马成虫对蓝色的偏好，于4月中旬至收获期在瓜秧上方悬挂蓝色诱虫板，高效监测并诱集害虫，定期更换虫板，实现绿色防控。

（3）生物天敌利用。在蓟马发生初期，释放东亚小花蝽、巴氏新小绥螨等天敌，针对地上成虫进行生物控制。同时，针对地下若虫和蛹，采用剑毛帕厉螨和白僵菌等生物制剂，实现地上与地下全方位防控，减少化学农药依赖。

（4）精准化学防治。初期发现蓟马时，立即选用乙基多杀菌素、噻虫嗪等高效低毒药剂，遵循轮换用药原则，延缓害虫抗药性产生。考虑到蓟马昼伏夜出的习性，建议下午施药，并选用内吸性或添加有机硅助剂的药剂，增强渗透性和持效性。

对于严重情况，可采取灌根与叶面喷雾相结合的方式，提前预防，避免虫害暴发后再行施药。

（四）美洲斑潜蝇

（1）农业生态管理。在早春与秋季蔬菜种植前，彻底清理田间及周边的杂草、残株与败叶，集中焚烧处理，以减少虫源基数。同时深翻土壤，将地表蛹类深埋，并每亩施用 3% 米尔乐颗粒剂 1.5~2.0 kg，以毒杀潜藏蛹虫。在虫害高发期，通过中耕松土破坏其生存环境，进一步控制虫害。

（2）高效药剂应用。鉴于传统药剂效果有限，推荐使用微生物杀虫剂齐螨素（又称阿维菌素等），这是一种创新的抗生素类生物制剂，兼具胃毒与触杀双重作用。根据剂型不同（如 1.8%、0.9%、0.3% 乳剂）配制适宜浓度（如 3 000 倍液），并加入 500 倍消抗液增效剂及适量白酒，以增强药效，实现精准防控。

（3）药剂多样化与轮换施用。针对虫害，可灵活选用虫螨克、绿菜宝等多种高效药剂，按推荐浓度配制，每隔 7 d 喷施 1 次，连续 2~4 次。为确保防治效果，建议不同药剂交替使用，防止害虫抗药性产生。同时，苏云金杆菌制剂作为生物农药，对美洲斑潜蝇有显著防效且环保友好，可考虑纳入防治体系。各地需结合实际情况，制定针对性防控策略。

实训二　麒麟西瓜农药稀释技术

一、农药有效浓度的稀释方法

农药制剂需稀释后使用，只有确保用药浓度与用量精准，方能发挥最佳杀灭效果。关键在于喷洒表面需均匀覆盖足量有效剂量，以保证防治成效。

1. 有效剂量的计算

【例 1】用 2.5%（W/V）的高效氯氰菊酯稀释 1 000 倍后按 100 mL/m^2 喷洒，计算每平方米有效剂量是多少？

解：先计算 1 mL 药物的有效剂量，

$2.5\% = 2.5\ \text{g/100 mL} = 2500\ \text{mg/100 mL} = 25\ \text{mg/mL}$，

$25\ \text{mg/mL} \div 1000 \times 100\ \text{mL/m}^2 = 2.5\ \text{mg/m}^2$。

答：有效剂量为 2.5 mg/m^2。

2. 药物使用量的计算

【例 2】用 5%（W/V）杀飞克悬浮剂，按 50 mg/m^2 根据喷洒对象表面的吸水情况采用 50 mL/m^2 喷洒，怎样进行稀释？ 1 L 药物能喷多大面积？

解：①由已知条件可得，按 50 mg/m^2 喷 50 mL/m^2

即为 0.05 mg/50 mL = 0.1%（稀释液浓度），

所以，5% ÷ 0.1% = 50（倍）。

② 1 L 5% 的药物有效剂量为：

$50\ \text{mg/mL} \times 1000\ \text{mL} = 50000\ \text{mg}$，

所以，$50000\ \text{mg} \div 50\ \text{mg/m}^2 = 1000\ \text{m}^2$。

答：将药物以 1∶50 倍稀释 1 L 药物可喷 1000 m^2。

3. 用查表法计算用药量

所有卫生杀虫剂在使用说明书上都标明了推荐使用的稀释倍数。现场使用时可直接查表得出加药量，然后用水稀释摇匀即可（表 5-1）。

表 5-1　用药量对照

加水至药液总量（L）	不同稀释比例的用药量（g 或 mg）							
	1：10	1：20	1：25	1：50	1：100	1：200	1：250	1：500
1.0	100	50	40	20	10	5	4	2
2.0	200	100	80	40	20	10	8	4
3.0	300	150	120	60	30	15	12	6
4.0	400	200	160	80	40	20	16	8
5.0	500	250	200	100	50	25	20	10
6.0	600	300	240	120	60	30	24	12
7.0	700	350	280	140	70	35	28	14
8.0	800	400	320	160	80	40	32	16
9.0	900	450	360	180	90	45	36	18
10.0	1 000	500	400	200	100	50	40	20

【例 3】用 10% 苯醚甲环唑可湿性粉剂按 1：250 比例配制药液 8 L，要加苯醚甲环唑多少克（g）？

首先查询表 5-1 第一栏的 1：250，其次在左边第一纵栏查到 8 L，将两处延伸至交叉处，"32" 即为苯醚甲环唑用量。

4. 不同剂型杀虫剂的稀释方法

可湿性粉剂稀释时，无论是手动还是机动喷雾器，都先加适量水（手动约 2 L，机动 5~10 L），随后投入称量好的药剂（如 10% 苯醚甲环唑 32 g），充分搅拌至均匀，最后补足水至刻度并摇匀。若需改善分散度，可适量添加滑石粉或陶土粉混合筛分。

乳油及水性乳剂稀释步骤相似，先加水后加药，充分搅拌是关键。对于大型机动喷雾器，可利用喷药时的推力辅助搅拌，确保药液均匀混合。稀释完成后，再次搅拌 1~2 min，即可进行喷洒作业。此稀释流程旨在确保农药使用效果，避免浓度不均导致防治失效。

二、农药的二次稀释方法

（一）精准配制母液

配制母液时，需选用标有容量刻度的清洁容器，如医用盐水瓶，精确称取农药并加水制成母液。对于悬浮剂等高黏性药剂，需特别注意清洗包装残留，轻轻搅拌确保药剂完全分散溶解，随后用量杯准确量取所需量。

（二）背负式喷雾器稀释法

背负式喷雾器稀释法指直接在喷雾器药桶中进行简便的二次稀释。首先加入少量水，其次缓慢加入适量药液，剧烈摇晃以充分混合，最后补足水量并再次搅拌均匀，即可进行喷洒。

（三）大面积作业稀释

针对大面积喷洒，可使用大桶或缸等容器进行一级母液稀释。随后在喷雾器药桶中进行二级稀释，即先将适量母液加入药桶，加水搅拌至均匀混合，确保药液浓度一致，以满足大面积施药需求。

为确保药液稀释精准，母液用水量需精确计算并量取，以免影响防治成效。液体农药稀释时，先在配药容器中注入约1/3清水，缓缓加入定量药剂，随后补满水，轻搅均匀。可湿性粉剂采用两步法，先少量水配浓母液，再参照液体农药法稀释。粉剂农药则是与填充料（如草木灰）混合搅拌至所需倍数。颗粒剂农药稀释则是选干燥软土或酸碱度一致的化肥为填充料，按比例拌匀，确保均匀分布，提升防治效果。

练习思考题

一、选择题

1. 麒麟西瓜蔓枯病在（　　）的年份发病快、流行迅速。

　　A. 多雨　　　　　　B. 干旱　　　　　　C. 晴天　　　　　　D. 阴天

2. 与大田作物或非瓜类蔬菜作物实行（　　）轮作，可减轻西瓜蔓枯病的发生。

　　A.1~2 年　　　　　B.2~3 年　　　　　C.3~5 年　　　　　D.4~6 年

3. 炭疽病在全世界绝大多数西瓜产区均可发生，其中以（　　）地区最为明显与普遍。

　　A. 气候湿润　　　B. 干燥寒冷　　　C. 多风无雨　　　D. 闷热无风

4. 防治炭疽病可以在该田块将西瓜与非葫芦科的经济作物轮作（　　）。

　　A.1~2 年　　　　　B.3~4 年　　　　　C.5~6 年　　　　　D.5~7 年

5. 麒麟西瓜绵腐病主要发生在（　　）。

　　A. 生长初期　　　B. 生长前中期　　　C. 生长后期　　　D. 生长成熟期

二、填空题

1. 常用虫害农药的剂型有_____、_____、_____、_____。

2. 白粉病主要危害_____，再者是_____和_____。

3. 白粉病防治应采用_____、_____、_____的综合策略来处理。

4. 生物杀虫剂的施用原则是_____、_____、_____。

5. 斑点病发生时，轻时影响_____的植株，重则可达_____，显著减产。

三、判断题

1. 斑点病多在麒麟西瓜生长中后期发生，病害严重时叶片上病斑密布，短时期内导致叶片干枯。（　　）

2. 西瓜白粉病分布在中国西北地区西瓜产区。（　　）

3. 蔓枯病主要危害瓜蔓、叶片和果实，引起叶、蔓枯死和果实腐烂。（　　）

4. 湿度、温度是诱发麒麟西瓜炭疽病的因素。（　　）

5. 麒麟西瓜对炭疽病的抗病性随成熟度而增加。（　　）

四、简答题

1. 请简述麒麟西瓜斑点病的防治方法。

2. 请简述麒麟西瓜蔓枯病的防治方法。

3. 请简述麒麟西瓜绵腐病的防治方法。

五、课后小调研

请课后调查自己家乡周边种植的麒麟西瓜常年发生的主要病虫害，总结形成调研报告。

模块六　麒麟西瓜生产管理

项目一　麒麟西瓜采收管理

🍉 学习目标

知识目标

能掌握麒麟西瓜的采收要求及保鲜贮藏要求，能操作麒麟西瓜的采收技术。

能力目标

提高学生在麒麟西瓜采收、保鲜贮藏过程中的实际操作能力，使其能够独立完成生产、收获麒麟西瓜的全流程工作。

价值目标

通过学习麒麟西瓜采收、保鲜贮藏的相关技术，提高学生对农业产业的认知，同时，增强学生的社会责任感，激励他们积极参与农业技术推广和普及工作，从而成为推动农业现代化发展的中坚力量。

任务一 麒麟西瓜采收

一、麒麟西瓜成熟特点

麒麟西瓜的品质与成熟度关系极大，没有成熟的麒麟西瓜含糖量低，食用价值不高；过度成熟的麒麟西瓜含糖量减少，食用价值也降低，经济效益自然就大打折扣。因此，掌握麒麟西瓜的采收适期是保证产品质量、获得最佳经济效益的重要一环。麒麟西瓜成熟与否，下列3点可作为判断的依据。

一是根据雌花开花早晚计算果实发育的天数。在麒麟西瓜雌花开花期，根据开花早晚分批作标记，如在果柄上系上不同颜色的布条或插上涂了不同颜色的小竹竿。进入采收期后，先采果检验，再确定各批麒麟西瓜的采摘适期。

二是评估麒麟西瓜成熟度，可观察其所在节位及上方1~2节卷须状态。卷须枯萎常为成熟标志，但需结合藤叶生长情况综合判断。养分充足时，藤叶茂盛可能掩盖卷须枯萎信号；反之，养分不足则卷须提前枯萎而瓜未必成熟。因此，需全面考量，确保准确判断西瓜成熟度。

三是弹听果实声音。用手指弹敲西瓜，未熟的麒麟西瓜发出的声音钢而脆，充分成熟的麒麟西瓜发出的声音疲而浊。

二、麒麟西瓜的采收时间

麒麟西瓜采收（图6-1）需依据品种特性及市场需求，灵活确定采收时机。对成熟度容忍度高的品种，可适度提前采收以抢占市场先机，提升经济效益。而对成熟度要求严格的品种，则须确保充分成熟后再采摘，以保证果实品质。面

图6-1 麒麟西瓜的采收

向本地市场的商品瓜，应追求九成熟，以保风味；而外运商品瓜，则要在七八成熟时采摘，确保长途运输中品质稳定。

三、麒麟西瓜采收方法

麒麟西瓜采收宜选晴朗清晨，但薄皮易裂品种宜于傍晚采收。避免雨后采收，

以防泥浆沾果致炭疽病，影响储运。烈日中午亦不宜采收，以免果实积热，长途运输易损。采收时，应使用剪刀剪断瓜柄，保留一小段，既防病菌入侵，又助消费者辨识新鲜度。对于需贮藏的西瓜，还应保留坐瓜节位前后枝蔓各一节，以提升保鲜效果。操作过程中，务必细心谨慎，避免损伤枝蔓，确保植株后续健康生长。

四、采收注意事项

（1）精准把握采收时机。麒麟西瓜的采收需精准把握品种成熟特性与市场适销性，灵活调整采收成熟度。

（2）分批策略优化。需依据麒麟西瓜的花期差异与品种特性，实施精细化的分批采收策略。优先采摘处于盛花期的高品质果实，而对补花期或品质略逊的果实，则延后处理，以平衡整体产量与质量。在大规模种植中，可通过记录坐果时间，实现按成熟度分批采收，确保每批西瓜品质均一，满足市场需求。

（3）精心采收，避免损伤。采收时要注意避免损伤植株和花朵，尤其是优质未开放的花蕾。损伤花蕾不仅影响当前的价值，还可能影响后续的开花和产量。因此，采收时要小心操作，避免过度用力或使用锐利工具。采摘时应轻拿轻放，不仅要防外伤，更重要的是防止出现内伤。

五、麒麟西瓜的运输

麒麟西瓜采收后采用分级包装，因其皮薄怕压，无法长距离运输，因此在包装时，需要在外面套上泡沫网后再装箱（图6-2），避免磕碰造成破损。

麒麟西瓜在运输过程中经常被碰伤压碎，因此运输车辆最好全程走高速公路，防颠簸、振动和挤压，以防引起内伤而导致腐烂，确保麒麟西瓜在尽快运输到目的地的同时，也可最大程度降低因运输造成的损伤。

图6-2　麒麟西瓜的运输

由于西瓜大小和品种的不同，受害程度也可能不同。这些伤很难从西瓜外表看出来，但短期存放后就可以表现出来，比如伤瓜的表皮变软、皮肉颜色越来越深、细胞破裂、汁液溢出、风味变差。

　　优质西瓜标准：糖度≥10%，肉质脆甜爽口，色泽鲜亮均匀，无瑕疵；外观规整，大小、形状、皮色花纹具有品种特性，无畸形、病伤；耐贮运，果皮坚韧抗裂，适合长途运输。薄皮品种宜就近生产销售，以保障品质。

【课程资源】

麒麟西瓜的采收

任务二　麒麟西瓜贮藏保鲜管理

西瓜作为一种非常受欢迎的水果，成熟度比较一致，上市过于集中，大量上市时价格便宜，使得市场供应呈现淡—旺—淡的特点，淡旺季突出，所以市场上的西瓜差价很大。早上市与晚上市的价格往往比旺季市场价高 1~3 倍。如果麒麟西瓜能保鲜到淡季，价格则会更高，但西瓜不耐储藏。西瓜对低温很敏感，如果储存在 9.5℃以下，则会出现冷害症状。高温储存时，糖分会降低。因此，做好西瓜的贮藏保鲜工作具有重要意义，不仅能调节市场供应，满足消费者需求，也能够大幅度增加生产经营单位和农民的经济收入。

一、麒麟西瓜贮藏保鲜方法

（一）普通室内贮藏

此方法充分利用现有资源，选择阴凉、通风良好且无人居住的房间作为贮藏室。首先对房间进行彻底清洁与消毒，以创造无菌环境，然后在地面铺设一层厚度适中的农作物秸秆（如麦秸、高粱秆或玉米秸），作为缓冲层，减少西瓜与地面的直接接触。摆放西瓜时，需模仿其田间生长的朝向，即阴阳面分明，堆叠高度控制在 2~3 层，确保通风顺畅。室内保留足够的人行道空间，便于日常管理与检查。根据天气变化灵活调整门窗开关，白天紧闭以隔热，夜间开启通风窗，控制室内温度在 15℃以下，相对湿度维持在 80% 左右，营造最适宜的贮藏环境。

（二）沙藏法贮藏

沙藏法是一种传统而有效的西瓜贮藏方式，适用于通风良好、光线充足的房屋。首先，铺垫约 70 cm 厚的细河沙作为底层，既隔潮又保温。选取七成熟的健康西瓜，保留 3 个蔓节并妥善处理切口，防止细菌感染。西瓜排列于沙床上，每个之间保持适当间距，随后覆盖细河沙至西瓜上方约 5 cm，仅留少许瓜叶在外以保持呼吸。此法的关键在于轻柔操作，避免损伤果皮；同时沙层仅铺设一层西瓜，能够防止堆叠造成压力损伤。定期通过叶面追肥与喷水调节沙层湿度，确保西瓜在最佳状态下贮藏。

（三）臭氧保鲜法贮藏

臭氧保鲜法结合了现代科技与传统贮藏智慧，适用于高品质麒麟西瓜的长期保存。首先，精选健康成熟的西瓜，迅速转运至已消毒的贮藏窖内，利用柔软的草垫隔离地面，减少物理损伤与湿度波动。贮藏温度稳定在4℃，既能抑制呼吸作用又能防止冻害。通过定时释放臭氧，利用其强氧化性杀灭空气中的细菌与霉菌，保持贮藏环境的清洁与新鲜。同时，要注意调节湿度与通风，确保西瓜在最佳条件下缓慢成熟，延长保鲜期。

（四）盐水密封法贮藏

盐水密封法是一种创新的保鲜手段，适用于大量成熟西瓜的短期贮藏。通过5%~10%的盐水浸泡，可增强西瓜表皮的抗菌能力，随后涂抹山梨酸钾或山梨酸作为化学防腐剂，可进一步延长保鲜期。将处理后的西瓜密封于聚乙烯塑料袋中，置于低温环境（如地下室）保存，能有效隔绝外界污染，保持西瓜的鲜美与营养。

（五）涂层法贮藏

涂层法贮藏是一种环保且高效的西瓜保鲜方法。利用新鲜的西瓜茎藤作为原料，经过研磨、过滤后稀释成液体，直接喷洒于西瓜表面，形成一层天然保护膜。这层保护膜不仅能够有效隔绝外界微生物的侵袭，还能保持西瓜内部的水分与营养。喷涂后的西瓜用包装纸包裹，存放在阴凉通风处，避免潮湿环境引起霉变。在贮藏过程中，要定期检查并剔除变质个体，确保整体贮藏质量。此方法不仅成本低廉，而且环保安全，是延长西瓜保鲜期的一种理想选择。

二、麒麟西瓜贮藏保鲜注意事项

（一）麒麟西瓜储存前的准备

首先是预冷。预冷是指在贮藏前，要尽快将麒麟西瓜温度冷却到规定的温度范围，以保持其原有的品质。麒麟西瓜收获后冷却时间越长，品质下降越明显。如果麒麟西瓜在储运前没有预冷，产品温度高，造成环境温度持续升高，很快就会进入恶性循环，进而影响麒麟西瓜的保鲜效果。

其次是西瓜表面消毒。选用40%福尔马林稀释150~200倍，或6%硫酸铜溶液，70%甲基硫菌灵稀释1 000倍，或0.5%~1%漂白粉液，或15%~20%盐水，均可有效杀菌防污。

储存场所及条件也同样重要。仓库和包装箱筐用具等要进行消毒，西瓜可以浸泡消毒。消毒后沥干水分，放在阴凉处晾干。

（二）麒麟西瓜贮藏保鲜中温度和湿度的控制

麒麟西瓜在贮藏过程中，应在不被冻坏的前提下，保持5~8℃的低温。温度越高，呼吸消耗越大，成熟过程越强，含糖量和果肉强度越低；温度越高，对真菌的生长越有利，会造成西瓜的腐烂。湿度要求不能太低或太高，太低的话，西瓜会失去更多水分，表皮会变软；太高则会让西瓜容易发霉，一般湿度为80%时适宜麒麟西瓜的贮藏保鲜。

（三）麒麟西瓜贮藏保鲜中冷害的预防

麒麟西瓜的储藏温度需精细调控，依据栽培规模与预期储藏时间灵活设定。在确保无异味环境中，低温虽能提升肉质风味，却易诱发冷害，表现为果面细微凹痕，严重时可导致果肉失色、纤维化、风味劣化，且伴随储藏时间延长，冷害加剧，温度回升后症状更明显。

因此，短期储藏可适度低温，超过20 d时则需提升至冷害阈值之上，或预先以26℃高温处理4 d以防冷害。对于约1个月的储藏期，14~16℃为安全区间，但需辅以防腐措施，确保储藏架远离冷库墙壁以防局部过冷。应定期检查，一旦发现腐烂西瓜则应立即剔除，以保障整体储藏质量，减少损失。

（四）麒麟西瓜贮藏保鲜中炭疽病的预防

针对田间晚期感染的西瓜炭疽病，其症状在贮藏中温湿度适宜时会恶化，表现为斑点凹陷及湿润环境下有粉红色黏质物。为有效防控，需在收获及贮藏前采取药剂预防措施。推荐使用50%甲基硫菌灵800倍液、50%复方多菌灵500倍液或80%炭疽福美双800倍液进行1~2次喷雾处理，以减少病害扩散，保障西瓜贮藏品质。

【课程资源】

麒麟西瓜的贮藏保鲜管理

任务三　麒麟西瓜种植后土壤改良管理

麒麟西瓜生长依赖土壤肥力,合理施肥尤为关键。收获后,需强化土壤精细管理,促进肥力恢复,为次年种植奠定坚实基础,确保麒麟西瓜持续健康生长。

一、深耕施肥,改善土壤结构

深耕施肥是提升土壤有机质与结构的关键措施,但长期单一施肥易致土壤板结、透气受阻。因此,冬季应对麒麟西瓜田进行约 25 cm 的深翻,结合松土与底肥施入,随后旋耕平整。此过程中,彻底清除前茬西瓜残茎尤为必要,以防其争夺养分,削弱底肥效果。为实现大棚麒麟西瓜高产,需确保土壤肥沃,这既依赖于土壤自然条件,也受施肥管理等外界因素影响。通过科学施肥策略,精准满足作物生长周期内的营养需求,是提升西瓜品质与产量的有效途径。

二、测土配肥,增施有机肥

这要求做到测土配方精准施肥,减少使用化学肥料,增施有机肥。施入有机肥料可改善根际微生态环境,提高有益微生物菌群,有效缓解麒麟西瓜的自毒作用。有机肥料如绿肥、腐熟农家肥等,可改良土壤结构,改善土壤有益菌群,提高化肥利用率,有效改善土壤理化状况和生物特性,熟化土壤;可增强土壤保肥、供肥能力,为作物生长创造良好的土壤条件。

三、轮作倒茬,改善土壤环境

麒麟西瓜生产结束后可种植一茬绿叶或根类作物,如白菜、甘蓝、萝卜十字花科蔬菜,十字花科蔬菜需硫更多一些,可有效降低土壤含硫量。甘蓝、白菜属于耐盐性作物,可以有效改善土壤盐碱性;也可种植生育期短的萝卜、油麦菜、豆类等,以改善土壤环境。连作 2 年大棚拆除后,种植大豆、玉米、小麦等农作物均可。

四、采用新型土壤改良剂,改善土壤特性

新型土壤改良剂木霉菌,能双重作用于土壤健康,一方面,能有效遏制有害菌滋生,减少土传病害;另一方面,能激发作物抗病潜能,分解毒素,优化土壤结构,激活养分,并吸附有害金属,呵护根系苗壮。此改良剂不仅能够显著提升作物产量与品质,还能够促进养分高效利用,减少流失。灵活施用方式包括与腐熟剂、有机

肥及生物菌剂混合成基肥施用，或移栽后灌溉，能够为土壤与作物成长环境带来全面升级。

【课程资源】

麒麟西瓜种植后土壤改良管理

项目二 实训

🍉 学习目标

知识目标

熟悉麒麟西瓜生产中常见的僵化苗、畸形瓜等常见问题的原因及防治措施；能基本解决麒麟西瓜生产中常见的问题。

能力目标

能够判断麒麟西瓜生产中常见问题类型的原因，并制定防治措施：具备解决生产中常见问题的能力。

价值目标

通过学习，引导学生发现问题，并解决问题，使学生具有更加完备的创新精神，提升创造力与创新力，增强创新信心。

实训　麒麟西瓜生产中常见的问题

一、僵化苗

（1）原因。温度低、干旱或肥量过大、水大沤根等造成。药害如喷施防治白粉病的三唑类杀菌剂不当也容易导致植株顶端生长缓慢。

（2）防治措施。棚室温度低时要注意提高温度，适量浇水，沤根的可加强中耕，加快水分蒸发；西瓜侧芽萌发后，可用大水大肥催一下，让瓜蔓长起来。可喷施赤霉素 30~50 mg/kg、芸苔素内酯 1 500 倍液、爱多收 6 000 倍液来缓解药害。

二、无头苗

麒麟西瓜幼苗生长点退化，新叶抽生受阻，常见于苗期至伸蔓初期。低温冷害及棚膜滴水侵害幼苗易致无头苗，陈年种子活力衰退也是诱因。此外，药害、肥害及病虫害亦能引发此问题。为防控此现象，应采取综合措施：精选新种，确保发芽力强；强化苗床温湿调控，适时通风除湿；病虫害早发现早治理；农药施用需谨慎，遵循规范浓度与操作；施肥应适量，对刺激性肥料尤需留意，施后迅速通风散气，以营造适宜幼苗健壮成长的良好环境。

三、叶片边缘现黄化

（1）原因。此症或与土壤钾素匮乏、有机质肥料钾量不足相关，亦受地温低、湿度大抑制钾吸收影响，氮肥过量亦可能诱发，终致全叶红棕、干枯，根系衰弱，严重者则腐烂。

（2）防治措施。施用足够的钾肥，特别是在西瓜膨瓜期不可缺钾；缺钾严重时每亩可追施硫酸钾 3~4.5 kg。

四、畸形瓜

畸形瓜主要表现为大肚瓜、尖嘴瓜、偏头瓜。

（1）原因。在苗期花芽分化时，养分和水分供应不平衡，影响花芽分化；开花坐果期过于干旱；授粉不均匀；果实发育期间水肥供应不平衡；授粉节位低。

（2）防治措施。强化苗期管理，精准调控温度，营造利于花芽分化的环境；

花期重视人工授粉，确保花粉均匀触及柱头。同时，注重科学施肥与灌溉，保障作物健康生长。

五、裂瓜

（1）原因。部分薄皮、质脆、小型西瓜品种易裂瓜，圆形品种较椭圆形品种更易受损。供水量急剧变化，如旱后骤雨或猛灌及环境温湿度突变均易促裂。缺钙土壤也易致裂瓜。此外，果实受物理冲击如碰撞、挤压，或使用浓度过高的坐瓜激素后，均会增加裂瓜风险。

（2）防治措施。优选果皮强韧、抗裂性佳的品种；膨瓜期均衡供水，防骤增，停浇于采收前5~7 d，高温时晨昏灌溉。增施钾、磷、钙肥，控制氮肥用量，以增强果皮韧性。应用坐瓜灵时需严控浓度。采瓜宜于下午进行，轻拿轻放，避免振动损伤。

六、白筋（或黄筋）果

西瓜果肉中从脐部至果梗处出现白色或黄色带状纤维，并逐渐发展为粗筋，这种果实称为白筋果或黄筋果，品质较差，商品性不高。

（1）原因。西瓜果肉中的白筋或黄筋实为维管束与纤维组织的聚集，作为养分、水分传输路径，其在果实初期显著，理应随成熟而消退。然而，土壤缺钙及高温干旱、硼元素缺乏等逆境，干扰了钙的正常吸收利用，导致纤维残留，形成品质不佳的白筋果或黄筋果。

（2）防控策略。调控氮肥用量，避免植株过度生长；通过深耕、增施有机肥、地面覆盖保水等措施，优化土壤环境，促进钙、硼等关键养分的有效吸收；实施合理的整枝吊蔓管理，及时防控病虫害，全方位保障西瓜健康生长，减少白筋果发生，提升果实品质与商品性。

七、空心瓜

空心瓜是指瓜瓤中出现空洞的一类西瓜。

（1）原因。西瓜空心成因多元化，首先是坐果期低温，减缓细胞分裂，致细胞数量不足，随后高温促进果皮速长，内部空间未填满而空心；其次是阴雨连绵光照少，营养匮乏，果实细胞分裂与膨大受阻，而果皮相对生长快速，加剧空心现象；

再次是水分短缺，限制了果实细胞充分膨大；最后是采收延迟，果实内水分与养分流失，同样可促成空心。

（2）防控策略。需综合施策，营造适宜西瓜生长的生态条件；一旦发现畸形瓜，则立即摘除，避免养分无效消耗；果实发育期确保水分与肥料及时供给，促进细胞正常分裂与膨大；成熟后迅速采收，锁定果实品质，降低空心风险。

练习思考题

一、选择题

1. 采收麒麟西瓜时应选择（   ）进行，但皮薄易裂瓜的品种需在傍晚采收。

    A. 阴天上午   B. 晴天上午

    C. 晴天下午   D. 阴天下午

2. 普通室内贮藏，夜间气温较低时，开窗通风，温度需控制在（   ），相对湿度保持在 80% 左右。

    A. 10℃以下   B. 12℃以下

    C. 15℃以下   D. 16℃以下

3. 采用盐水密封法时，需通过（   ）盐水浸泡，增强西瓜表皮的抗菌能力。

    A. 1%~3%   B. 3%~5%

    C. 5%~10%   D. 15%~20%

4. 采用臭氧保鲜法时，贮藏期间温度保持在（   ）较好。

    A. 3℃   B. 4℃

    C. 5℃   D. 6℃

二、填空题

1. 麒麟西瓜采收时应_____、_____、_____。

2. 麒麟西瓜贮藏保鲜方法有_____、_____、_____、_____、_____。

3. 在当地市场销售的商品瓜应采收_____，以保证品质风味；向外地运销的商品瓜应采收_____，以适应远途运销的需要。

三、判断题

1. 下雨后要尽快采收麒麟西瓜。（   ）

2. 为运输方便，采收时无须保留瓜柄。（   ）

3. 采摘时轻拿轻放，不仅要防外伤，更重要的是防内伤。（   ）

4. 贮放西瓜的架层应离开冷库墙壁，以防低温冻伤西瓜。（   ）

5. 应在不被冻坏的前提下，保持 5~8℃的低温，湿度为 80%，这适宜麒麟西瓜的贮藏保鲜。（   ）

四、简答题

1. 请简述麒麟西瓜是否成熟的判断依据。

2. 请简述麒麟西瓜贮藏保鲜中冷害的预防。

3. 请简述麒麟西瓜贮藏保鲜中炭疽病的预防。

4. 请简述麒麟西瓜种植后土壤改良管理。

练习思考题参考答案

模块一　参考答案

一、选择题

1.C　2.A　3.B　4.D　5.C

二、填空题

1.江南地区　华南地区　西南地区　西北地区

2.玉麒麟　冰糖麒麟王　黑麒麟　小麒麟　美都

3.24~26℃　30~32℃

4.12.5% 以上

5.清热解暑　除烦止渴

三、判断题

1.×　2.×　3.√　4.×　5.√

四、简答题

1.麒麟西瓜最佳生长温域为 24~26℃，根系发育最优温区为 30~32℃，且偏好有显著昼夜温差的环境。其耐旱性强，光照需求高，生育周期短。在其生长过程中，需要充分供应营养以促进植株茁壮成长。麒麟西瓜适宜在土质较为疏松、土层深厚、排水性能良好、呈弱酸性（一般土壤 pH 值 5~7 最为适宜）的沙质土壤中栽种。

2.在麒麟西瓜的花期，需要进行一系列的管理措施以确保果实的品质和产量。（1）温度控制：适宜的温度有助于花朵的正常开放和授粉；温度过高或过低都可能导致花朵发育不良或授粉失败。（2）湿度管理：适当的湿度有助于保持花朵的活力；湿度过低可能导致花朵干枯，湿度过高则可能引发病害。

3.（1）光合作用：叶片是麒麟西瓜进行光合作用的主要场所，在光照条件下，叶片能够吸收光能，将二氧化碳和水转化为有机物和氧气，为植株的生长和发育提供能量和物质。（2）蒸腾作用：叶片还能够通过蒸腾作用，将植株体内的水分以水蒸气的形式散发到大气中，有助于调节植株的体温和维持水分平衡。（3）气体交换：叶片上的气孔是植株与外界进行气体交换的主要通道，能够吸收二氧化碳并释放氧气，同时也有助于植株对水分的吸收和运输。

4.宁夏位于黄土高原、内蒙古高原与青藏高原交会地带，拥有显著的大陆性气候，干旱少雨，蒸发强烈，日照充足，昼夜温差显著，辐射强而雨日稀，尤其是灌溉区培育麒麟西瓜，促进采后自然晾晒，造就其瓜体硕大、油润鲜亮、饱满非凡之质。加之宁夏海拔高、工业稀少的纯净环境，农业用水源自自然降水、黄河引灌及浅层地下水，耕作模式以一年一熟为主，化学投入品使用少，为麒麟西瓜绿色生态种植提供了理想土壤。

模块二　参考答案

一、选择题

1.B　2.C　3.A　4.B　5.C

二、填空题

1.猪粪　鸡粪　羊粪

2.中氮　高磷　高钾

3.铧式犁　旋耕机

4.幼苗期　伸蔓期　开花坐果期　膨瓜期

5.土层深厚疏松　呈弱酸性

三、判断题

1.√　2.√　3.×　4.×　5.√

四、简答题

1.麒麟西瓜宜植于深厚疏松、弱酸性（pH值5~7）、排灌优良的沙壤土，且需符合《土壤环境质量　农用地土壤污染风险管控标准（试行）》（GB 15618—2018）、《环境空气质量标准》（GB 3095—2012）及《农田灌溉水质标准》（GB 5084—2021）。优选近5年旱地或近3年水田、无瓜类种植史的田块，以确保其品质与产量。麒麟西瓜栽培讲究土地轮作，避免重茬与瓜类连作，以防枯萎病害侵扰。旱地宜轮作7~9年，水田宜轮作3~4年，以确保土壤健康。尽管麒麟西瓜对土壤适应力强，但优选高燥向阳、土层深厚、质地疏松、排水畅通的田块，尤其是交通便利、灌溉便捷之地更佳。对于不同类型的土壤，如河滩沙地、黏重土、酸性土及轻度盐碱地，通过改良、深耕与增施有机肥，均可促进其高产。渗水性能是选地的关键，优质土壤能确保水分与养分均衡，利于根系吸收，促进西瓜苗壮成长。大棚栽培更需精细管理土壤，确保透气、保水保肥，优选无瓜果栽培史的田块。基肥施用亦是关键，应科学配比氮、磷、钾及硼砂，以增强土壤肥力，促进西瓜生长与果实发育。此外，灌溉水源的便利性亦不容忽视，以确保生长期间水分充足。

2.天然有机肥料：这类肥料源自自然，主要由植物残体、动物排泄物等富含有机质的原料制成，种类多样化。

一是秸秆还田肥：农作物收获后，将剩余的秸秆（如麦秸、稻草、玉米秸、豆秸、油菜秸等）直接翻入土壤中，作为自然降解的有机肥料。

二是绿肥作物：生长期内被专门种植，随后直接翻压入土或异地施用的新鲜植物体，主要分为豆科绿肥（如苜蓿、豌豆藤）和非豆科绿肥（如黑麦草、紫云英）。

三是畜禽粪便堆肥：通过将圈养畜禽产生的排泄物与秸秆等垫料混合，在适宜条件下进行自然或人工加速发酵腐熟，最终形成富含养分的肥料。

四是好氧堆肥：利用微生物在人工控制的环境（调节水分、碳氮比，通风等）中分解植物、动物排泄物等有机废弃物，将其转化为稳定且富含养分的肥料，适合直接施用于土壤。

五是厌氧沤肥：在淹水或缺氧条件下，通过微生物的厌氧发酵作用，将植物、动物排泄物等有机物料分解腐熟，生成的肥料富含有机酸及微生物代谢产物。

六是沼气副产物肥：源于农业废弃物经厌氧消化过程产生的沼气发酵残留物，主要包括经过处理的沼渣和富含营养元素的沼液，可作为高效的有机肥料使用。

七是植物饼粕肥：源自含油量高的植物种子（如大豆、芝麻、花生等）经压榨提取油脂后剩余的残渣，经过加工处理而成的有机肥料，富含蛋白质、氨基酸及多种微量元素。

3.利用土壤净化技术能高效清除土壤中的病菌、虫害及杂草等，特别是针对高价值作物的连作障碍，能有效提升作物产量与品质。该技术不仅可采用化学药剂于播种前施用，还可利用干热或蒸汽等物理方法实施消毒。其能够全面处理土壤，消除有害微生物、污染物及毒素，保障作物的健康生长环境。

4.（1）基肥施用。基肥作为麒麟西瓜生长周期的养分基石，不仅能为植株提供必要营养，还兼具土壤改良与地力提升的功能。

（2）根际追肥策略。

幼苗期：于真叶2~4片时进行追肥，促进幼苗快长与根系强健，防止僵苗。

伸蔓期：此期西瓜生长迅速，养分需求激增。通过追施有机肥、化肥与海精灵生物刺激剂（根施型）的混合肥料，可显著促进瓜蔓伸长、叶面积扩展及根系强健。

开花坐果期：此期应谨慎进行根部追肥与灌溉，以免妨碍开花坐果。如遇生长不良、子房瘦弱或坐果难时，应及时采取措施，如通过叶面追肥进行补救，确保植株健康生长。

膨瓜期：幼瓜进入快速膨大期后，需重点补充磷钾肥，辅以适量氮肥，以促进果实发育并防止早衰。

模块三　参考答案

一、选择题

1.A　2.B　3.A　4.C　5.A

二、填空题

1.发芽期　幼苗期　伸蔓期　结果期；结果前期　结果中期　结果后期

2.糖分含量显著增加，果皮色泽越发鲜亮

3.冷床、温床（酿热温床、电热温床和火炕温床）

4.浸种处理　温水处理　光照处理

5.7年未种瓜地块

三、判断题

1.×　2.×　3.√　4.×　5.×

四、简答题

1.自种子萌动至子叶完全展开的初期阶段，被定义为西瓜的发芽期。一是其时长受温度显著影响，平均为8~10 d，但依据品种差异与季节变换有所变化。二是适宜发芽的土壤水分应维持在约10%的含水量，过低则吸水受限，降低发芽率，过高亦不利于发芽。三是种子偏好在暗处发芽，显示其嫌光特性。直至幼苗生长突破心叶，展露真叶之际，标志着发芽期的圆满结束。在此期间，需精细调控苗床温湿度，前期保持较高地温以促进齐苗，后期适度降温以防幼苗过度生长。

2.在现代农业实践中，选用适应性强、表现卓越的品种是提升作物产量与品质的关键策略。优质品种在适宜的栽培环境与技术下，能确保高产、优质且适时上市，其核心价值在于增产增效、品质优化及抗逆性增强。针对西瓜种植，麒麟西瓜因其独特的品种优势备受青睐，选择时应兼顾早熟性、优质性、易栽培性、强抗病力及市场需求。需确保品种能抵御低温胁迫，生长紧凑以减少整枝需求，同时耐高温，即便在极端大棚环境下也能稳健生长。此外，理想的麒麟西瓜还应具备风味佳、上市早、果形一致、皮薄肉厚、籽少糖高及高抗病性，以充分满足市场多元化需求。

3.（1）温度管理：温度调控策略需精细执行，依据育苗阶段灵活调整。（2）水分管理：各阶段及时补水，保障正常生长。（3）光照管理。（4）人工摘帽。（5）强化苗期病虫防控，预防病害虫害。在农业管理中，优化光照与湿度调控，结合物理与化学手段，是培育健壮幼苗、预防病害与虫害的关键。

4.具体实施时，采用优质钢材作为大棚骨架，依据预设的棚宽与跨度，精确绘制边界线。骨架间采用嵌套连接，底部特制热熔倒钩设计，深入土壤，有效增强抗风能力。大棚规格设定为高度 2 m、宽度 6 m，每隔 80 cm 设置一根棚筋，辅以压膜绳与压膜条加固，确保棚膜稳固，抵御强风侵袭。顶部增设横拉杆，将拱杆紧密绑定，形成统一整体，确保所有拱杆水平一致，大棚长度灵活调整于 30~40 m 之间，具体尺寸依据当地种植条件而定。

大棚布局上，采取南北向建设，两端预留通风门，便于高温季节散热通风。同时，还需合理规划畦面与排水沟，采用错位排列方式布局大棚，即相邻大棚间隔 2~3 m，内部中沟与相邻棚间排水沟交错，以优化排水效率，确保西瓜生长环境的最佳状态。

5.一般瓜苗成长到 4~5 片真叶时即可定植，定植期应根据棚室的保温条件确定。应选择晴好避风天气定植，一般掌握棚内 10 cm 的地温稳定在 15℃以上，棚内最低温度不低于 5℃，为安全定植期。

模块四　参考答案

一、选择题

1. C　2. A　3. D　4. A　5. D

二、填空题

1.五膜覆盖，地膜　小拱棚膜（两层小拱棚）　天幕膜　大棚膜

2.茎壮叶茂　色泽浓绿

3.一主二侧　三蔓整枝

4.32~35℃　15℃

5.55%~65%　75%~85%

三、判断题

1. ×　2. √　3. ×　4. ×　5. ×

四、简答题

1.在麒麟西瓜盛花期，需特别注重光照与夜温管理，充足光照搭配适宜高温夜温，是保障授粉成功与果实膨大的关键。夜温过低易引发落果，影响品质。当气温超过18℃时，需增强通风，调控棚内日温低于30℃，以防温差过大及高温损害。膨瓜至成熟期，过大温差与高温均会降低果肉品质，地膜覆盖则能有效调控棚内湿度，维持日湿度60%~70%、夜湿度80%~90%的理想范围。随着生长推进，虽前期棚内湿度较低，但植株茂密后蒸腾作用加剧，湿度会有所提升。此时，通过晴日延迟闭棚、强化通风，可显著降低湿度，预防病害，为麒麟西瓜的优质高产创造良好环境。

2.大棚内种植的西瓜相较于露天环境种植，其耗水量显著增加，但灌溉管理需精细控制，避免过量。缓苗期后，应依据土壤干湿状况灵活灌溉，适度干燥有利于根系发育与瓜秧强健。整个生长期内，土壤湿度管理需依生长阶段灵活调整。初期至伸蔓前，瓜苗蓄水能力弱，叶面蒸腾弱，宜采取少量多次的灌溉策略，以促进根系稳健生长。进入伸蔓与果实快速膨大阶段后，则需加大灌溉力度，通过增加频次与延长灌溉时间，维持适量水分，以最大化利用水资源，同时满足植株旺盛的生长需求。

施肥亦需与生长周期相匹配，伸蔓期起即应确保养分充足。开花坐果阶段，暂停滴水以抑制徒长，促进坐果稳定。待幼瓜如鸡蛋般大小，标志着膨瓜期的到来，此时需恢复并维持充足水分供应，每3~4 d滴水1次，促进果实膨大，但需警惕过量肥水以致裂果。至西瓜成熟阶段，水分需求减少，应相应缩减灌水量，并在采收前10 d完全停止浇水，以确保果实品质与采收后的耐贮性。

3.子蔓出现后，应及时进行藤蔓管理，引导主蔓向右前、子蔓向左后倾斜生长，最佳操作时间为下午，以防损伤茸毛及花朵。当主蔓长约60 cm时，应实施一主二侧的三蔓整枝策略，精选保留主蔓及两条健壮子蔓，适时剪除或摘除其余细弱子蔓，每3~4 d调整1次，直至每株定形。亦可采用两蔓整枝法，保留主蔓与一健壮子蔓，促进养分高效分配。藤蔓长至50~60 cm时，再次整理，确保藤蔓与叶片分布均匀，减少相互遮蔽。坐果后，除非枝叶过于繁茂影响结瓜，否则一般不再整枝。必要时可适度修剪坐果节前的侧枝，维持良好通风透光环境。

4.人工授粉精细操作：轻摘新鲜开放的雄花，剥除花瓣，暴露雄蕊，轻柔地以雄蕊触碰雌花柱头，实现授粉。此过程中，一朵雄花足以惠及3~4朵雌花，若采用多朵雄花混合授粉同一雌花，效果更佳。为便于管理，主蔓与子蔓各授1朵，并对未授粉雌花作显著标记。授粉后，即刻标注，并于后续管理中摘除主蔓首朵雌花，以促进养分集中供给后续果实。

模块五　参考答案

一、选择题

1.A　2.C　3.A　4.B　5.C

二、填空题

1. 可湿性粉剂　乳油　悬浮剂　油剂

2. 叶片　叶柄　茎

3. 优选抗病品种　清除病菌源头　适时药剂保护

4. 对症施治　适期防治　科学施用

5. 20%~30%　60%~80%

三、判断题

1.√　2.×　3.√　4.√　5.×

四、简答题

1.①农业防治：与非瓜类作物轮作 2 年以上，选用无病种子，雨后及时排除积水，棚内放风降湿；清洁田园，高温闷棚；强化栽培管理，确保有机底肥充足，增施磷钾肥；采用高垄地膜覆盖，促进排水，避免田间积水，严禁过度灌溉。②化学防治：种子消毒，可采用温汤浸种或用 50% 多菌灵可湿性粉剂 500 倍液浸种30 min。发病初期及时喷药防治。

2.①农业防治：实施轮作策略；优选抗病品种；精细栽培管理。②化学药剂：采用种子与土壤预处理策略，在西瓜种植初期，种子处理是预防病害的首要环节，苗床土壤处理同样关键。③药剂防治策略：针对西瓜蔓枯病等病害的发病初期，推荐采用复配药剂进行精准防治。

3.①床土消毒以预防土传病害，苗床土壤应优选无病史的新土。②加强苗床管理。优选地势高、水位低、排水畅通的区域构建苗床，确保土壤环境优越。③育苗畦及时放风、降湿。即便是阴天，也需适时通风除湿，防止瓜苗徒长染病。果实病害高发区，应建高畦栽培，预防积水。

模块六　参考答案

一、选择题

1.B　2.C　3.C　4.B

二、填空题

1. 精准把握采收时机　分批策略优化　精心采收，避免损伤

2. 普通室内贮藏　沙藏法贮藏　臭氧保鲜法贮藏　盐水密封法贮藏　涂层法贮藏

3. 九成熟的　七八成熟的

三、判断题

1. ×　2. ×　3. √　4. √　5. √

四、简答题

1. 一是根据雌花开花早晚计算果实发育的天数。在麒麟西瓜雌花开花期，根据开花早晚分批作标记，如在果柄上系上不同颜色的布条或插上涂了不同颜色的小竹竿。进入采收期后，先采果检验，再确定各批麒麟西瓜的采摘适期。二是评估麒麟西瓜成熟度，可观察其所在节位及上方 1~2 节卷须状态。卷须枯萎常为成熟标志，但需结合藤叶生长情况综合判断。养分充足时，藤叶茂盛可能掩盖卷须枯萎信号；反之，养分不足则卷须提前枯萎而瓜未必熟。因此，需全面考量，确保准确判断西瓜成熟度。三是弹听果实声音。用手指弹敲西瓜，未熟的麒麟西瓜发出的声音钢而脆，充分成熟的麒麟西瓜发出的声音疲而浊。

2. 麒麟西瓜的储藏温度需精细调控，依据栽培规模与预期储藏时间灵活设定。在确保无异味环境中，低温虽能提升肉质风味，却易诱发冷害，表现为果面细微凹痕，严重时可导致果肉失色、纤维化、风味劣化，且伴随储藏时间延长，冷害加剧，温度回升后症状更明显。短期储藏可适度低温，而超过 20 d 时则需提升至冷害阈值之上，或预先以 26℃高温处理 4 d 以防冷害。对于约 1 个月的储藏期，14~16℃为安全区间，但需辅以防腐措施，确保储藏架远离冷库墙壁以防局部过冷；定期检查，一旦发现腐烂西瓜则应立即剔除，以保障整体储藏质量，减少损失。

3. 针对田间晚期感染的西瓜炭疽病，其症状在贮藏中温湿度适宜时会恶化，表现为斑点凹陷及湿润环境下有粉红色黏质物。为有效防控，需在收获及贮藏前采取药剂预防措施。推荐使用 50% 甲基硫菌灵 800 倍液、50% 复方多菌灵 500 倍液或 80% 炭疽福美双 800 倍液进行 1~2 次喷雾处理，以减少病害扩散，保障西瓜贮藏品质。

4. 深耕施肥，改善土壤结构；测土配肥，增施有机肥；轮作倒茬，改善土壤环境；采用新型土壤改良剂，改善土壤特性。

参考文献

［1］林燚，杨瑜斌，王驰，等.蒋卫杰博士：温岭设施西瓜稀植长季节栽培技术［J］.中国蔬菜，2016（9）：92-97.

［2］林燚，毛玲荣，张明方，等.早佳嫁接西瓜特征特性与栽培技术［J］.浙江农业科学，2003（6）：294-296.

［3］林燚.西瓜优质高产栽培技术研究［D］.杭州：浙江大学，2004.

［4］林燚.温岭市西瓜产业现状及可持续发展对策［J］.现代农业科技，2006（5）：21-22.

［5］林燚，礼茜，李红叶.嫁接西瓜枯萎病原研究初报［J］.浙江农业科学，2007（1）：84-86.

［6］林燚，杨喻斌，朱正斌，等.不同施肥量对嫁接西瓜产量及品质的影响［J］.上海蔬菜，2004（4）：66.

［7］林燚，毛玲荣，朱正斌，等.不同栽培因子对早佳嫁接西瓜产量与品质的影响［J］.浙江农业科学，2005（2）：99-103.

［8］林燚，杨喻斌，朱正斌.不同嫁接方法对早佳嫁接西瓜产量的影响［J］.上海蔬菜，2005（3）：74-75.

［9］林燚，杨瑜斌，王驰，等.温台地区西瓜发生黄瓜绿斑驳花叶病毒病调查初报［J］.浙江农业科学，2012（1）：83-85.

［10］王驰，杨瑜斌，林怡，等.设施西瓜多种接茬种植模式与关键栽培技术［J］.中国蔬菜，2021（11）：117-121.

［11］林燚，杨瑜斌，王驰，等.西瓜工厂化嫁接育苗的常见问题及解决措施［J］.中国蔬菜，2011（21）：53-54.

［12］林燚，张明方，杨景华，等.西瓜花粉长期保存与授粉技术［J］.中国蔬菜，2015（11）：91-92.

［13］焦荻，柳唐镜，商纪鹏，等.一种改良的西瓜靠接育苗技术［J］.中国瓜菜，2023（10）：161-163.

［14］焦自高．棚室西瓜栽培新技术［M］．北京：中国农业科学技术出版社，2016.

［15］介邓飞．麒麟瓜内部品质在线无损检测技术的实验研究［D］．杭州：浙江大学，2014.

［16］郭洁．冰糖麒麟西瓜大棚栽培技术［J］．农业科技通讯，2018（8）：362-364.

［17］段俊丽．冰糖麒麟西瓜高效种植管理技术要点［J］．种子科技，2024（8）：95-97.

［18］贺申魁，王红梅，雷斌，等．不同雌花节位留瓜对小麒麟西瓜果实性状及产量的影响［J］．南方园艺，2020（5）：10-11.

［19］周乔宏，吴绍生，蒋月仙．麒麟西瓜大棚种植技术［J］．云南农业，2014（6）：23-24.

［20］孙康卫，师志朋，廉明明．浅谈麒麟西瓜大棚种植技术［J］．种子科技，2022（24）：84-86.

［21］徐亚兰，孙国跃，马江黎，等．响水县中果型西瓜品种比较试验［J］．农业科技通讯，2019（9）：94-96+100.

［22］王永恒．小果型西瓜"小麒麟"展示总结［J］．种子科技，2011（9）：47-48.

［23］代小青，郝秀明．小果型西瓜新品种设施栽培比较试验［J］．农业科技通讯，2022（2）：186-188.

［24］王双合，张会宁，南庆春．新技术、新模式力促宁县西瓜产业升级换代［J］．农业科技与信息，2017（21）：25-26.

［25］池善聚，林国辉，朱训永，等．早熟西瓜小麒麟试种表现及高效栽培［J］．农业科技通讯，2012（1）：123-124.

［26］陈丽萍，金简生，赵根，等．中型西瓜品种湖州秋季设施栽培品种比较试验［J］．浙江农业科学，2022（5）：985-987.

［27］袁邦郴，张贵铭，李燕，等．麒麟西瓜大棚种植技术［J］．现代园艺，2014（21）：40.

［28］秦一统，肖正璐，段建锋，等．塑料大棚种植麒麟西瓜对土壤质量影响的检验分析［J］．现代园艺，2023（2）：190-192.

［29］张洪立，张杰，郑淑清，等.天津市静海区麒麟西瓜种植情况调研报告［J］.天津农林科技，2021（3）：45-46.

［30］王莉莉，谭军利，陈欣，等.土壤调理剂对盐碱地土壤盐分、pH值及麒麟西瓜产量的影响［J］.干旱地区农业研究，2024（4）：145-154.

［31］陈锋，刘进法，毛晓英，等.新余市麒麟西瓜高产优质高效栽培技术［J］.中国农技推广，2023（3）：52-53.

附录　麒麟西瓜各生育期管理方案

生育期	特征	管理途径	管理方案
发芽期	种子萌动到子叶展开，苗期较短，为15~20 d	田间管理	苗床要保持适宜的温度，出苗前苗床地温要适当高，促使西瓜苗尽快出齐，出苗后适当控温，防止幼苗徒长
		肥水管理	苗床要保持适宜的湿度
		病虫害防治	应预防早期蔓枯病，可选用99%恶霉灵可湿性粉剂1~1.5 g拌1 kg种子，既可干拌，也可湿拌。发病初期，可用每亩80%多福锌可湿性粉剂60 g+25%苯醚甲环唑乳油15 g+漂效王叶面肥120 mL兑水45 kg喷雾；也可用25%苯醚甲环唑乳油3 000~5 000倍液、75%百菌清可湿性粉剂600倍液、70%甲基托布津可湿性粉剂800倍液等喷雾防治，每5~7 d喷1次，连喷2~3次，效果较好
幼苗期	子叶展开到第四片真叶展开	田间管理	幼苗期应使大棚内白天温度保持在32~35℃，夜间不低于12℃，10 cm最低地温不低于15℃
		肥水管理	一般在缓苗后，若地不干，则可以不浇水；若过干时，则可滴1次透水
		病虫害防治	幼苗期是麒麟西瓜病虫害防治的重要时期，主要病害为炭疽病，虫害为瓜蚜。炭疽病：发病初期喷洒50%甲基托布津可湿性粉剂800倍液+75%百菌清可湿性粉剂800倍液，或50%多菌灵可湿性粉剂800倍液+75%百菌清可湿性粉剂800倍液混合喷洒 瓜蚜：用40%乐果乳油1 200倍液喷雾，成株时用800~1 000倍液喷雾。还可用2.5%溴氰菊酯3 000倍液喷雾。喷药时，叶片正反面均要喷，且以叶背面和幼嫩部分为重点

生育期	特征	管理途径	管理方案
伸蔓期	幼苗期结束到第二雌花开花,属于营养生长阶段	田间管理	伸蔓期栽培管理中要做到促、控结合,既要保证茎叶迅速生长,使植株具备较大的营养体,又要防止茎叶生长过旺。茎叶生长良好,可为开花结果打下良好的基础 植株调整:出子蔓后,及时理蔓,使主蔓向右前方、子蔓向左后方斜爬
		肥水管理	要保证充足的水分供给,就必须增加灌溉次数,延长灌溉时间,水量适中即可,最大限度地提高水资源利用率。西瓜从伸蔓期开始就需要施入充足的肥料
		病虫害防治	及时防治叶枯病和蓟马。叶枯病:在发病前未见病斑时开始喷洒50%速克灵可湿性粉剂1 500倍液或50%扑海因可湿性粉剂1 000倍液、75%百菌清可湿性粉剂600倍液、70%代森锰锌可湿性粉剂或干悬粉500倍液、80%大生可湿性粉剂600倍液均有实效,每亩喷药液60 L,每7~10 d喷洒1次,连续防治3~4次。蓟马:可选用乙基多杀菌素、噻虫嗪、溴氰虫酰胺、氟虫·乙多素、螺虫·噻虫啉等药剂,注意轮换用药,避免害虫产生抗药性。药后5~7 d检查1次嫩叶叶背、花器,若仍有蓟马则应再用药1次,连续施药2~3次

续表

生育期	特征	管理途径	管理方案
开花坐果期	雌花开放到果实开始旺盛生长时期	田间管理	人工辅助授粉：采摘刚刚开放的雄花，去掉花瓣，露出雄蕊，手持雄蕊在雌花柱头上轻轻涂抹；植株调整：坐果后一般不必整枝，如枝叶过分旺盛，则可适当整去坐果节位前的部分侧枝，避免瓜蔓过度重叠影响结瓜
		肥水管理	开花坐果期不滴水，以防止徒长和促进坐果，开花期后幼瓜长到鸡蛋大小后，进入膨瓜期，需要保证水分充足，可每3~4 d滴1次水，促进幼瓜膨大；但不宜肥水过大，防止膨瓜期出现裂果。在坐果节位的雌花子房绿豆大时适当施肥，每亩施48%三元复混合肥5 kg。瓜长到2~3 kg时，可适当追肥，每亩用膨果肥20 kg+硫酸钾5~10 kg，兑水100 kg，滴灌施入1次。后期根据实际情况适量追肥
		病虫害防治	及时防治疫病。疫病：发病初期，可选用25%嘧菌酯悬浮剂1 500~2 000倍液或30%醚菌酯悬浮剂2 000~3 000倍液或72%霜脲·锰锌可湿性粉剂600~800倍液或50%甲霜·铜可湿性粉剂600~800倍液或53%精甲霜·锰锌水分散粒剂600~800倍液喷雾防治，每7~10 d施用1次，连续2~3次